Frank Rönicke

Wartburg

VOM 311 ZUM 353

1956 – 1991

Motor
buch
Verlag

Umschlaggestaltung: Luis dos Santos unter Verwendung von Bildern aus dem Archiv des Autors und des Archiv Fortepan

Dieser Buchtext wurde von einem Menschen ohne jegliche Zuhilfenahme künstlicher Intelligenz erstellt.

Bildnachweis: Automobilwerk Eisenach, Auto Union GmbH/Audi Tradition/Audi AG, Archiv Frank Rönicke, BMW, Rennsportarchiv Jordan, Wikimedia Commons, Archiv Auta5P, Stadtarchiv Eisenach, Stefan Gulitz, F. O. Bernstein, Deutsche Fotothek, Bundesarchiv, Archiv Fortepan

ISBN: 978-3-613-04679-5

1. Auflage 2024

Sie finden uns im Internet unter www.motorbuch-verlag.de

Lektorat: Joachim Kuch
Innengestaltung: Jürgen Knopf, 74321 Bietigheim
Druck und Bindung: DZS GRAFIK d.o.o, 1210 Ljubljana,
Printed in Slovenia

Inhalt

Vorwort

Ich war zwölf Jahre alt, als meine Eltern den betagten IFA F 8 gegen einen etwas jüngeren Wartburg 311 eintauschten. Ein gewaltiger Schritt damals und für eine Familie auf dem Land mit drei Kindern kein leichter. Der »Wartburg 1000«-Schriftzug auf dem Heck der Standard-Limousine verriet den 992 ccm großen Dreizylinder-Zweitakter mit 45 PS. Weinrot mit weißem Dach, auf dem linken vorderen Kotflügel ein Rückspiegel, den die Verwandtschaft aus dem Westen mitgebracht hatte, und »Rallye-Radkappen« mussten zu Beginn der siebziger Jahre auch sein. Die Geschichte dieses Automobils hat mich seinerzeit noch nicht interessiert, wenige Jahre später schon.

Genau ein halbes Jahrhundert lag zwischen dem ersten im Jahre 1939 zusammengebauten, bei der Auto Union in Chemnitz entwickelten Prototypen eines DKW-Dreizylinder-Zweitaktmotors und dem letzten Wartburg 353 W, der 1989 mit dem fast gleichen, in seiner Grundstruktur immer noch unveränderten Motor vom Band lief. Deshalb muss die Geschichte des Eisenacher Mittelklassewagens »Wartburg« auch mit dem Zwickauer DKW F 9 »Hohe Klasse« beginnen. Denn dieser legte nicht nur mit seinem Motor, sondern auch mit der auf einen Ovalrahmen aufgesetzten Karosserie die Grundlage für eine Jahrzehnte währende Automobilproduktion in der DDR. Der Wartburg 311, der 1956 in die Serienproduktion ging, war ja zunächst nur ein F 9 mit einer neuen Karosserie. Auf die waren die Eisenacher Automobilbauer auch zu Recht stolz, nicht zuletzt, weil sie der neuen westdeutschen Auto Union, die immer noch auf die alte Karosserieform setzte, jetzt einen Schritt voraus waren. Zum ersten und letzten Mal allerdings. Alles andere als glücklich waren die Thüringer aber noch wenige Jahre zuvor gewesen. Aus der BMW-Tradition hervorgegangen, waren sie es gewohnt, große Sportwagen und Limousinen mit Sechszylinder-Viertaktmotoren zu entwickeln und zu bauen. Dies wurde in den frühen Jahren der DDR

▲ *Ein Teil der Familie Rönicke 1973 mit ihrem Wartburg 1000.*

fortgeführt und es hatte den Anschein, dass Eisenach sich als Standort repräsentativer Luxusautos würde etablieren können. Das lag aber nicht im Interesse der ostdeutschen Wirtschaftsplanung nach stalinistischem Vorbild und schließlich auch nicht im Interesse der osteuropäischen Wirtschaftsgemeinschaft (RGW). Also kam der F 9 im Jahre 1953 nach Eisenach, um in Zwickau Platz für die (dann viel später als geplant einsetzende) Trabant-Produktion zu schaffen, was für reichlich Verdruss sorgte. Vor allem, als sich immer klarer abzeichnete, dass sowohl die Fertigung der großen Sechszylinderwagen als auch die des Viertaktmotorrades R 35 auslaufen würde. Aber die Weichen waren gestellt: Ein Kleinwagen wird in Zwickau gebaut, die Mittelklasse kommt aus Eisenach, die Motorbasis arbeitet nach dem Zweitaktprinzip und hat zwei oder drei Zylinder. Und das war es dann für die nächsten 35 Jahre. Viertaktautomobile mussten aus dem RGW-Raum importiert werden, die größeren Modelle vornehmlich aus der Sowjetunion.

Mit dem Erscheinen des Wartburg hatten die Eisenacher aber tatsächlich ein Automobil auf die Räder gestellt, das nicht nur wirklich schick aussah, sondern in dieser Klasse und zu dieser Zeit den Weltstandard mit bestimmte. Zweitaktmotoren waren Mitte der fünfziger Jahre noch absolut salonfähig und blieben dies auf Jahre hinaus auch im westlichen Ausland, wie die Wartburgexporte zeigten. Nahezu unglaublich mutet heute die Modellvielfalt an, die sich nach der Einführung der Wartburg 311-Limousine entwickelte und deren Realisierung die Staatsorgane abnickten. Die Rahmenbauweise ließ zahllose Karosserieformen zu, aus denen unter anderem der Wartburg 313 Sport, das Cabriolet oder die Camping-Limousine herausragten. Alles heute sehr gefragte und kaum noch bezahlbare Oldtimer, zumindest im Osten, die den Zeitgeist der späten 1950er Jahre doch genauso widerspiegeln wie etwa ein Heckflossen-Cadillac oder ein Opel Rekord P1.

Zehn Jahre nach dem oben erwähnten Wartburg 1000 – zwischenzeitlich fuhr die Familie einen Skoda S 100 – wurde eine Wartburg 353-Limousine angeschafft. Die war zwölf Jahre alt, aber »komplett neu aufgebaut« und kostete nur knapp unter dem damaligen Neupreis – ein Schnäppchen also. Lackiert in diesem Grün, das den Witz generierte – »nicht in den Salat stellen, da gehen die Schnecken ran«. Ja, meine Eltern hatten es geschafft, wer einen Wartburg 353 fuhr, durfte das von sich behaupten – auf dem Lande sowieso.

Der Wartburg 353 war auch längst mein DDR-Lieblingsauto – aber in der Kombi-Version, die »Tourist« hieß. Der »neue« Wartburg hatte etwas Ehrfürchtiges, im Westen zu dieser Zeit vielleicht vergleichbar mit einer Mercedes S-Klasse. Da reichte kein Lada und schon gar kein Skoda ran, jedenfalls nicht für mich. 1976, einen Tag nach meinem 18. Geburtstag (denn 18 musste man sein), gab ich meine Bestellung für einen Wartburg Tourist beim IFA-Vertrieb in Dessau ab. Wartezeit damals: Neun Jahre. Das passte gut in meine Lebensplanung, denn ich hatte vor, mit 27 zu heiraten und da wäre der Wartburg ja dann da gewesen. Bezahlt unter anderem auch vom »Pfuschen« nach Feierabend – als Elektriker war man immer gefragt. Naja, geheiratet habe ich dann einige Jahre früher und der Wartburg verlängerte seine Wartezeit pro Jahr um etwa vier Monate. Als ich 1987 in den Westen flüchtete, betrug die Anmeldezeit 13 bis 14 Jahre, sofern man seinen

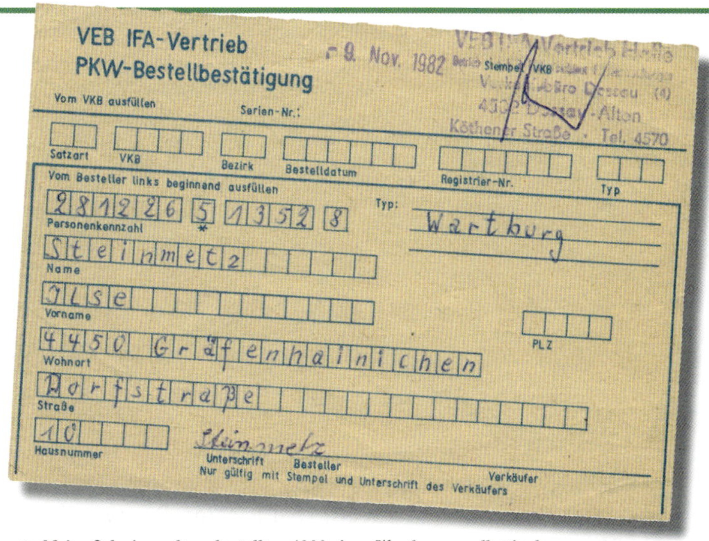

VEB IFA-Vertrieb
PKW-Bestellbestätigung
Vom VKB ausfüllen Serien-Nr.:
9. Nov. 1982
Satzart VKB Bezirk Bestelldatum Registrier-Nr. Typ
Vom Besteller links beginnend ausfüllen
281226 5 41352 8 Typ: Wartburg
Personenkennzahl
Steinmetz
Name
Ilse
Vorname
PLZ
4450 Gräfenhainichen
Wohnort
Dorfstraße
Straße
10
Hausnummer
Unterschrift Besteller Verkäufer
Nur gültig mit Stempel und Unterschrift des Verkäufers

▲ *Meine Schwiegereltern bestellten 1982 einen Wartburg – selbst im bevorzugten Ostberlin war das bis Ende 1989 aussichtslos. Und danach wollte ihn niemand mehr.*

Wohnsitz nicht in Berlin – Hauptstadt der DDR hatte, wo alles etwas schneller ging. Im Frühjahr 1990 bekam ich dann Post vom IFA-Vertrieb, mein Wartburg wäre jetzt lieferbar. Ich habe mich daraufhin nicht gemeldet, fühlte mich in meinem Audi 100 sehr wohl – denn das war immer mein West-Lieblingsauto gewesen.

Ein Bekannter hatte sich in der frühen Wendezeit und vor der Währungsumstellung noch schnell einen Wartburg gekauft. Aus Angst um sein Geld gab er 55 000 Ostmark für ein fast neues Modell aus, das wenige Wochen später keine 5000 Westmark mehr Wert sein sollte. Der Wartburg ging schwierigen Zeiten entgegen. Niemand wollte ihn mehr haben und in Eisenach musste die Produktion eingestellt werden. Jede Golf-Rostlaube war dem DDR-Bürger lieber als ein neuer Wartburg 1,3. Nur wenige hielten ihm die Stange, tausende landeten auf dem Schrottplatz oder wurden einfach am Straßenrand dauergeparkt. Im Gegensatz zu seinem runden Vorgänger 311 hatte der »neue« Wartburg keine Lobby und es dauerte gut 20 Jahre, ehe der 353 als Klassiker wiederentdeckt und unter Oldtimerfreunden als sehr taugliches Alltagsfahrzeug eingestuft wurde. Inzwischen ist auch der kantige Wartburg – inklusive seines viertaktenden Nachfolgers – nicht mehr aus der Szene wegzudenken, die verbliebenen Fahrzeuge werden gehegt und gepflegt, den Status seines Vorgängers wird er aber vermutlich nie erreichen.

Frank Rönicke

Wie Eisenach zur Automobilstadt wurde

Am 3. Dezember 1896 wurde durch den Eisenacher Justizrat Dr. Max Wernick, dem Industriemagnaten Heinrich Ehrhardt, seinem Sohn Gustav Ehrhardt und Vertretern eines Bankenkonsortiums die »Fahrzeugfabrik Eisenach« gegründet.

Die Ursache dieser Gründung: Erhardt war vom Fahrrad bis zum (Pferde) Gespannwagen Heereslieferant und mit seinen bestehenden Werken, unter anderem in Zella-Mehlis, nicht in der Lage, einen Großauftrag der preußischen Militärverwaltung über 1.000 bespannte Militärfahrzeuge auszuführen.

Ein von der Familie Ehrhardt in Eisenach erworbenes Wiesengrundstück in der Sedanstraße, am nördlichen Stadtrand, wurde als Fabrikstandort gewählt, Anfang März 1897 mit dem Aufbau der Gebäude und schon am 12. August 1897 zunächst mit der Fahrradproduktion begonnen.

▲ *Der Industrielle Heinrich Ehrhardt (hier ein Foto von 1922) war Mitbegründer und erster Direktor der Fahrzeugfabrik Eisenach.*

Nachdem dann Maschinenteile, Geschütze und Fahrräder der Marke »Wartburg« hergestellt worden waren, folgte bereits 1898 die Produktion des ersten »Wartburg-Motorwagens«. Dieser entsprach dem französischen Zweizylinder-Modell »Decauville«, für das Heinrich Ehrhardt die Lizenz erworben hatte. Ehrhardts Sohn Gustav leitete das Werk in Eisenach, das Ende des 19. Jahrhunderts mit 1.300 Arbeitern zu den Großbetrieben in Thüringen zählte.

Diese ersten Wartburg-Motorwagen konnten sich gleich bei Zuverlässigkeitsprüfungen bewähren und zahlreiche Goldmedaillen, Pokale und Erste Preise einfahren. Mit einem speziell konstruierten zweisitzigen Wartburg-Rennwagen gewann die Fahrzeugfabrik 1902 das international besetzte Rennen von Frankfurt am Main; der 22 PS starke, wassergekühlte Vierzylinder-Motor ermöglichte eine damals äußerst beachtenswerte Renngeschwindigkeit von 120 km/h.

1903 trat Gustav Ehrhardt nach finanziellen Verlusten und Meinungsverschiedenheiten mit den Hauptaktionären von der Firmenleitung zurück; 1904 folgte ihm sein Vater, der die Rechte an der Decauville-Lizenz mitnahm.

▲ *Im Zeichen der Wartburg: Die Fahrzeugfabrik Eisenach benannte ihre Fahrzeuge nach dem Wahrzeichen der Stadt.*

▲ *Der erste »Wartburg-Motorwagen« von 1998/99 wie damals noch üblich im Pferdekutschenformat. Der Zweizylinder-Viertaktmotor holte aus 479 cm³ 4 PS bei gemächlichen 1200 U/min.*

◄ *Der »Wartburg 8,5 PS« von 1902 sah nun schon eher nach einem Automobil aus. Immer noch zwei Zylinder, aber jetzt 1400 cm³ sorgten für eine Höchstgeschwindigkeit von 40 km/h.*

Vom »Wartburg« zum »Dixi«

In der Folge gab die Fahrzeugfabrik Eisenach auch den Markennamen Wartburg auf. Die Fahrzeuge hießen von nun an »Dixi«, eine Bezeichnung, die aus dem Lateinischen stammt und so viel wie »Ich habe gesprochen« bedeutet. Für die technische Entwicklung der neuen Modelle zeichnete der Chefkonstrukteur Willy Seck verantwortlich.

Dixi-Automobile wie das Flaggschiff »U 35« von 1907, ein Vierzylinder-Modell, das aus sagenhaften 7320 cm³ Hubraum über 65 PS generierte und 85 km/h schnell war, zählten bald zu den renommiertesten Wagen in Deutschland. Auch auf Grund hoher Zuverlässigkeit und exzellenter Verarbeitung. Hauptsächlich große, repräsentative PKW standen im Programm der Eisenacher, die sich vorerst noch gut verkauften.

Mit dem Beginn des Ersten Weltkrieges wurde die Produktion ganz auf Kraftwagen und Anhänger für das Militär umgestellt: Heereslastwagen, Munitionswagen, Sanitätskraftwagen, Protzen, Feldgeschütze, Lafetten und Ähnliches.

Mit dem Ende des Krieges endete auch die lukrative Rüstungsproduktion und an den Bau großer Limousinen war vorerst nicht zu denken. Die Insolvenz drohte und Eisenacher Gewerkschafter sowie Mitglieder der Kommunistischen Partei drohten ebenfalls, um Massenentlassungen und Lohnkürzungen zu verhindern. Zudem begannen Beauftragte der Alliierten Kontrollkommission in Eisenach mit der Demontage von Maschinen und Anlagen. Ende 1919 konnte dennoch die zivile Automobilproduktion wieder aufgenommen werden.

▲ *Der »Dixi U 35« war das Eisenacher Flaggschiff von 1905 bis 1914. Der Vierzylinder-Viertakter mit gewaltigen 6800 bis 7320 cm³ leistete 50 bis 65 PS bei immer noch sehr moderaten 1100 U/min.*

▲ *Mit 2600 cm³, 26 PS und maximal 75 km/h gehörte der Dixi R 12 vor dem Ersten Weltkrieg zur automobilen Mittelklasse, für die immerhin 7.500 Mark fällig wurden.*

Eisenach und Gotha

Im Mai 1921 kam es aufgrund der allgemeinen wirtschaftlichen Krise in Deutschland zur Fusion der Fahrzeugfabrik Eisenach AG mit der Gothaer Waggonfabrik AG. Das Werk firmierte fortan unter dem Namen »Fahrzeugfabrik Eisenach, Zweigniederlassung der Gothaer Waggonfabrik AG«.

In diesen Zeiten waren kleine Automobile gefragt, weshalb man in Eisenach mit der Marke Dixi ab 1927 die Modellpolitik hin zum Kleinwagen änderte. Und wieder schien eine Lizenzproduktion die schnellste und einfachste Lösung, wobei die Firmenleitung dieses Mal auf den seit 1922 in England erfolgreich gefertigten zweisitzigen Austin-Seven zurückgriff. Ein kleines Fahrzeug zwar, aber mit einem kräftigen Vierzylindermotor und dem Erscheinungsbild eines richtigen Automobils, das in Eisenach nun als »Dixi 3/15 DA 1« im dafür rekonstruierten und erweiterten Werk gefertigt wurde. Der kleine Dixi wurde für die Eisenacher zum bis dahin größten kommerziellen Erfolg, allein im ersten Jahr wurden so viele Autos verkauft wie in den Jahrzehnten zuvor zusammen nicht. Wie damals üblich ergab sich die Bezeichnung des Wagens aus der Motorleistung von 15 PS und den 3 Steuer-PS, die sich aus einer Berechnung von Hubraum und Zylinderzahl ergaben.

Die 1929 beginnende Weltwirtschaftskrise machte auch vor dem deutschen Automobilbau nicht halt; in den Folgejahren kam es zu zahlreichen Firmenzusammenbrüchen und -fusionen.

▲ *Im November 1928 übernahm BMW das Automobilwerk in Eisenach und gründete umgehend eine Verkaufsgesellschaft.*

▲ *Der Kleinwagen »Dixi DA 1« wurde 1927/28 zum bisher meistverkauften Auto der Eisenacher Fahrzeugfabrik. 750 cm^3, 15 PS und 75 km/h standen für den in Lizenz gebauten Austin-Seven zu Buche.*

Das Gotha-Eisenacher Unternehmen geriet bereits im Vorfeld der Ereignisse in die Hände der Berliner Diskontbank, die den Auftrag hatte, mit den Stadtverwaltungen in Gotha und Eisenach einen Sanierungsplan auszuarbeiten. Dies gelang aber nicht und der sofortige Konkurs drohte. In dieser Notlage gelang es dem Berliner Geschäftsmann Jacob Schapiro, das Unternehmen zu erwerben. Schapiro bekam auch die Aktienmehrheit der Gothaer Waggonfabrik und veranlasste die Fusion mit der Berliner Cyklon Maschinenfabrik. Das Ganze geriet aber zum völligen Desaster, was noch 1928 zum Verkauf beider Werke führte, um eine Zahlungsunfähigkeit abzuwenden.

Im November 1928 erwarb die Bayerische Motoren Werke AG, die als ehemaliger Flugmotorenbauer seit 1923 erfolgreich Motorräder baute, die Fahrzeugfabrik Eisenach für 800.000 Reichsmark in BMW-Aktien und 800.000 Reichsmark in bar von der in finanzielle Schwierigkeiten geratenen Gothaer Waggonfabrik. Diese Übernahme war mit der Entlassung von 1430 Arbeitern und Angestellten im Jahr 1929 verbunden, die nun auf Sozialhilfe angewiesen waren. Es war das Ende der selbständigen Eisenacher Automobilfabrik und gleichzeitig der Anfang der Marke BMW als Automobilbauer in der nun »BMW - Zweigniederlassung Eisenach« genannten Fabrik.

BMW-Automobile aus Eisenach

Die erste Maßnahme der Bayern war, den populären Dixi 3/15 in »BMW 3/15 PS« umzubenennen – im Volksmund blieb er jedoch noch lange der »BMW Dixi«. In der wirtschaftlichen Notsituation war dieses kleine Automobil gerade richtig, um durch die schwierige Zeit zu kommen. Immerhin waren insgesamt rund 25.000 Fahrzeuge dieses Typs in Eisenach gebaut worden. Nachdem der Lizenzvertrag 1932 auszulaufen drohte, kümmerte sich BMW nicht um eine Verlängerung. In München hatte man mit dem Eisenacher Werk andere Pläne. Der Dixi passte nicht zum Image der großen Boxer-Motorräder – im Automobilbau wollte man viel lieber auf einem ähnlichen Niveau Autos bauen.

Zunächst galt es aber, durch die anhaltende Krise zu kommen, wozu der bei BMW entwickelte Kleinwagen »3/20 AM-1« als Nachfolger des Dixi gebaut wurde. Das kleine Auto war durch ein neues Fahrwerk mit 25 cm längerem Radstand und den um ein Drittel stärkeren Motor zeitgemäß größer und komfortabler geworden. Die Karosserie wurde auf Vermittlung des Daimler-Benz-Vorstandsvorsitzenden Wilhelm Kissel, der

▲ *Der »BMW Dixi« setzte den Erfolg des Kleinwagens unter neuer Regentschaft und neuem Namen 1929 fort.*

▲ *Ein Sechszylinderwagen der Mittelklasse war der BMW 315, im Bild eine Cabrio-Limousine von 1935. 1490 cm^3 und 34 PS waren die weiteren Daten des Motors.*

▲ *Immer noch der Kategorie Kleinwagen zuzuordnen aber ein wenig größer als sein Vorgänger: Der von 1932 bis 1934 gebaute BMW 3/20 AM. (Foto: Alexander Migl © CC-BY-SA-4.0)*

ab März 1932 auch im Aufsichtsrat von BMW saß, im Werk Sindelfingen produziert und von BMW zugekauft. In drei Baureihen wurde der BMW 3/20 bis März 1934 in 14.430 Exemplaren gebaut.

1933 begann eine neue Zeitrechnung in Deutschland. Mit der Machtübernahme der Nazis begann eine beispiellose, auf Pump finanzierte, wirtschaftliche Entwicklung Deutschlands, die zu einem bis dahin nicht dagewesenen Wohlstand in der Bevölkerung führte.

Das war der Startschuss für BMW, sich von der Kleinwagenproduktion abzuwenden und mit der Entwicklung und der Produktion neuer Automobiltypen mit 6-Zylinder-Motoren zwischen 1,2 und 3,5 Litern Hubraum zu beginnen. Das erste Fahrzeug dieser Baureihe war der 1933/34 produzierte BMW 303, ein Automobil der unteren Mittelklasse mit einem 1200er Motor, der 30 PS leistete.

Ab 1933 wurde das Werksgelände entlang der Hörsel massiv erweitert; unter anderem die große Fertigungshalle O1 sowie die heute vom Automobilmuseum genutzten denkmalgeschützten Gebäude O2 und O5 entstanden in dieser Zeit. Zur Erweiterung in östliche Richtung erwarb BMW unter anderem in mehreren Schritten Teile der Außenanlagen der früheren Zigarrenfabrik an der Fischweide, die heutige Friedrich-Naumann-Straße wurde in das Werksgelände einbezogen.

In der Folgezeit wurden bis 1941 so bekannte Typen wie BMW 315, BMW 319, BMW 326, BMW 327, BMW 335 oder der elegante und erfolgreiche Sportwagen BMW 328 mit einer Gesamtstückzahl von 62.864 Exemplaren in Eisenach hergestellt.

Der BMW 328

Der BMW 328 war erstmals beim Eifelrennen Mitte Juni 1936 auf der Nordschleife des Nürburgrings zu sehen. Ernst Jakob Henne gewann mit einem Durchschnitt von 101,6 km/h eindrucksvoll die Klasse der Sportwagen bis 2000 cm^3 (ohne Kompressor). Ab Februar 1937 konnte dieses Modell zum Preis von 7400 Reichsmark käuflich erworben werden. 464 Exemplare wurden bis Anfang 1940 von dem Roadster, der für viele der Traumwagen schlechthin war, gebaut.

Der von Rudolf Schleicher überarbeitete Sechstzylinder-Motor des Tourenwagens BMW 326 leistete - auch mittels dreier Solex-Fallstromvergaser - im 328er 80 PS - für damalige Verhältnisse eine stolze Zahl. Der Sportwagen trug wesentlich zum herausragenden Image der Marke BMW bei und hallte noch lange nach dem Krieg, auch in Form diverser Kopien in verschiedenen Ländern, nach.

▲ Ein Meilenstein in der BMW-Geschichte war der Sportroadster 328. In der zivilen Ausführung leistete der Motor 80 PS, was eine Höchstgeschwindigkeit von 160 km/h ermöglichte.

▲ In der getunten Version konnte der BMW 328 bis zu 135 PS mobilisieren, was ihn maximal 210 km/h schnell machte. Zahlreiche Rennen konnten bis 1940 mit dem Wagen gewonnen werden.

Der Zweite Weltkrieg

Wegen der Konzentration der Flugmotorenentwicklung in München wurden im Zweiten Weltkrieg Teile der Motorradfertigung ins Werk Eisenach verlegt. Dort endete also 1941 die Automobilfertigung und die Kriegsproduktion des Militärkrads R 75 begann.

Am 20. Juli 1944 erfolgte das erste Flächenbombardement alliierter Bomberstaffeln; bereits bei diesem Angriff wurden zahlreiche Zivilgebäude im Stadtgebiet, die sich in der Umgebung der beiden Werksteile befanden, zerstört. Noch dreimal, am 11. und 13. September 1944 sowie am 9. Februar 1945, wurden die BMW-Werksanlagen bei Eisenach sowie die Infrastruktur der Stadt und die militärischen Objekte am Stadtrand bombardiert, hinzu kamen vereinzelte Angriffe mit Bordwaffen durch Jagdflieger.

Das bereits schwer beschädigte Werk sollte laut Führerbefehl im April 1945 gesprengt werden, um es nicht in die Hände der anrückenden US-Amerikaner fallen zu lassen. Deren Panzer fuhren jedoch schon in Eisenach ein, bevor es zur Sprengung kommen konnte.

▲ *Als letztes Fahrzeug stellte BMW in Eisenach bis 1944 das »überschwere« Militärkrad R 75 her.*

BMW und EMW nach 1945

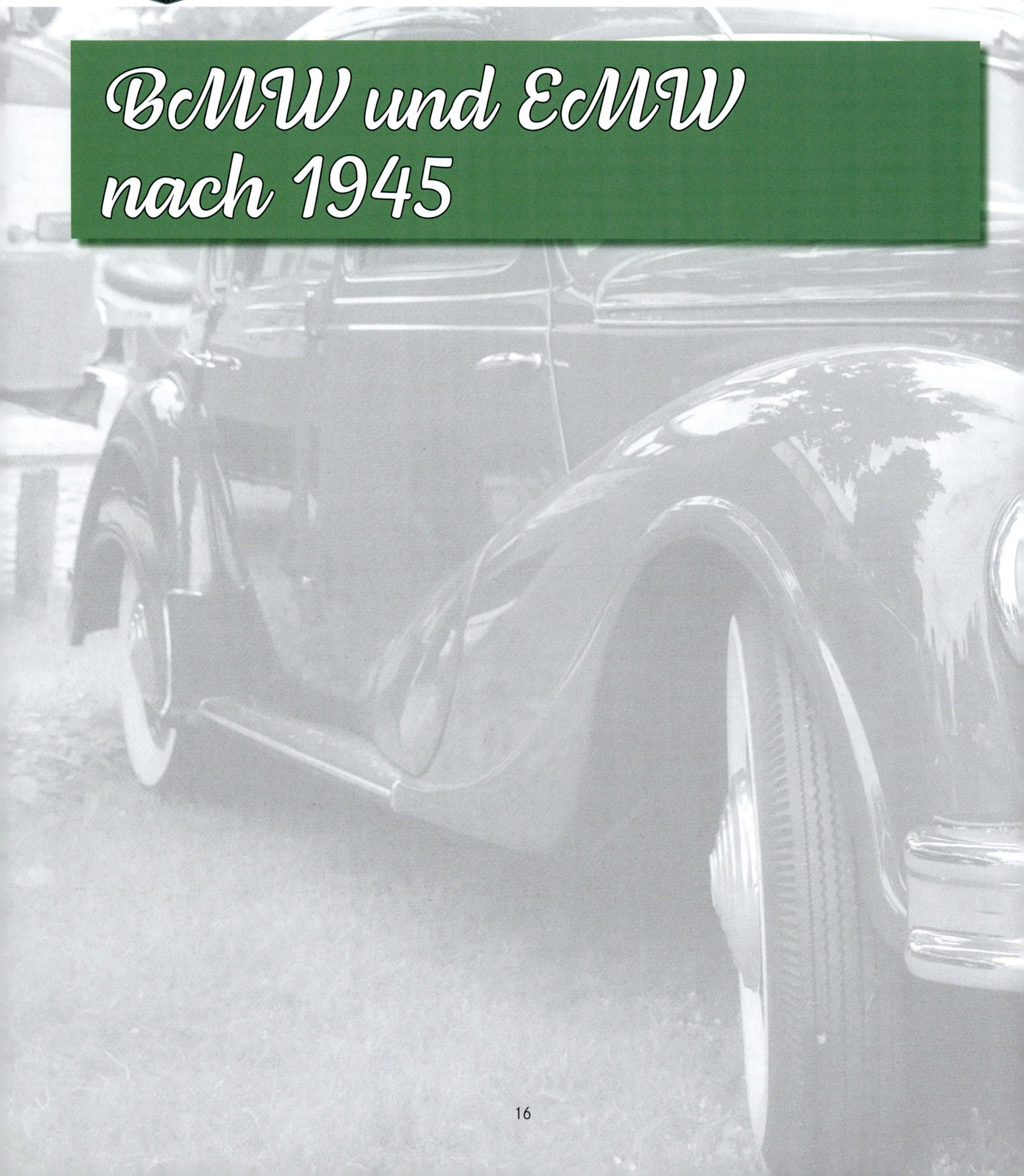

LDS EW 34H

Die Bomben des Zweiten Weltkriegs hatten Eisenach nicht verschont. Mehr als die Hälfte der Werksanlagen lag in Trümmern, als die Amerikaner im Frühjahr 1945 in die Stadt am Fuße der Wartburg einzogen. Wie unter Deutschlands Kriegsgegnern schon lange zuvor festgelegt, mussten sie jedoch das Terrain für die Sowjetarmee wieder räumen, die am 3. Juli 1945 die Verwaltung der Region übernahm.

Anders als in den meisten ehemaligen Kraftfahrzeugfabriken auf dem Territorium der Sowjetischen Besatzungszone, blieb das Eisenacher Werk von Demontagen und weiteren Zerstörungen verschont. Und als erster Hersteller durfte BMW in Eisenach sogar schon sehr bald nach Kriegsende wieder Motorräder bauen. Die Montage der verbliebenen Ersatzteile der R 35 zu kompletten Motorrädern begann. Schnell waren die noch vorhandenen Rahmen verbraucht und mussten nun selbst gefertigt werden. Weitere Teile folgten, die mit Hilfe von über 200 Werkzeugmaschinen, die in einem Kalischacht bei Abtrode ausgelagert waren, wieder produziert werden konnten. Zulieferteile, wie Bowdenzüge, Lenkerarmaturen, Kugellager, Elektrozubehör oder Reifen konnten dagegen nur mit größter Mühe beschafft werden. Die meisten Zulieferfirmen der Kraftfahrzeugindustrie hatten schon immer im Westen Deutschlands gelegen und waren nach Errichtung der Demarkationslinie als Grenze zwischen der sowjetischen und den übrigen Alliierten Besatzungszonen, fast so weit weg wie der Mond. Die Fabrikanlagen der wenigen ostdeutschen Lieferanten waren entweder im Krieg zerstört oder danach von den Sowjets demontiert worden. Und obwohl die Eisenacher von den neuen Machthabern wie kein anderer Fahrzeugbetrieb in ihrem Verwaltungsbereich unterstützt wurden – schließlich waren alle produzierten Zweiräder für den sowjetischen Markt bestimmt – blieb oft trotzdem nur der abenteuerliche Weg in den Westen, um notwendige Teile zu beschaffen.

▲ *»Motorlose Kleinfahrzeuge« nannte man in Eisenach die rund 30000 bis September 1946 gefertigten Handwagen, die auch in anderen Betrieben der Sowjetzone zu den Produkten der ersten Stunde gehörten.*

▲ *Neben den Produktionsanlagen hatten alliierte Bomben auch das BMW-Verwaltungsgebäude abrissreif zerstört.*

War in den ersten Wochen der Montage noch alles recht chaotisch und planlos gelaufen, änderte das der Befehl Nr. 93 der SMAD vom 13. Oktober 1945 zur »Inbetriebnahme der Automobil- und Motorradproduktion im ehemaligen BMW-Werk Zweigniederlassung Eisenach«. Neben dem PKW BMW 321 und der R 35 entstanden aus vorhandenen Ersatzteilen auch noch 102 BMW-Motorräder vom Typ R 12 und 232 Stück R 75. Am 15 September 1946 bemächtigte sich die russische Ak-

tiengesellschaft »Awtowelo« des Betriebes in Eisenach. Wie übrigens auch vieler anderer halbwegs intakter Firmen Ostdeutschlands. Proteste aus München wurden schroff abgewiesen.

◂ *Die BMW R 35 war das erste motorisierte Fahrzeug, das kurz nach Kriegsende in Eisenach wieder gebaut werden durfte. Im Bild die Exportausführung mit viel Chrom und Soziussitz.*

▲ *Der Befehl Nr. 93 der Sowjetischen Militäradministration in Deutschland (SMAD) ließ es zu, dass ab Oktober 1945 einige BMW 321 aus Restbeständen zusammengebaut werden durften. (Foto: Schwer13)*

Der BMW 321

Der BMW 321 war als Nachfolger des Modells 320 zu Beginn des Jahres 1939 in die Serienproduktion gegangen. Der Wagen war sowohl als zweitürige Limousine als auch als zweitüriges Cabriolet erhältlich. Der verbaute Reihensechszylinder mit 1971 cm³ leistete 45 PS, die für eine Höchstgeschwindigkeit von 115 km/h sorgten. Nach 3814 gebauten Exemplaren endete die Fertigung kriegsbedingt 1941.

Weitere 8.996 BMW 321 sollen dann zwischen 1945 und 1950 gebaut worden sein. Die meisten wurden im Rahmen eines Reparationspakets für den Zweiten Weltkrieg in die Sowjetunion gebracht. Nur 1848 sollen in Ostdeutschland geblieben sein, gut 2000 Fahrzeuge wurden in insgesamt 17 Länder exportiert.

▲ *Blick in die PKW-Montagehalle im Dezember 1948.*

▲ *Ein BMW 321 vorn neben einem 340er Modell in Ostberlin Anfang der 1960er Jahre.*

▲ *Einer der letzten BMW 321 auf dem Werksgelände in Eisenach im Jahr 1950. Im Hintergrund lagern Karosserien für das Modell 340.*

Der BMW / EMW 340

Auf der Basis des seit 1936 gebauten BMW 326 (von dem 1946/47 noch 16 Exemplare in Eisenach gefertigt worden waren) begann im September 1947 im BMW-Werk Eisenach die Entwicklung einer neuen Sechszylinder-Limousine unter der Bezeichnung »BMW 340«. Auffallend waren die Änderungen an der jetzt einteiligen Motorhaube, dem Heck mit Kofferraumzugang sowie der Armaturentafel samt Instrumenten. Die neue Frontgestaltung dominierten die in die Kotflügel integrierten Scheinwerfer und der aus horizontal verlaufenden Metallstreben bestehende Kühlergrill. Nach dem erfolgreichen Abschluss der Testphase begann im Oktober 1949 unter vielen Schwierigkeiten eine eher bescheidene Serienproduktion. Da Zulieferteile nicht mehr aus dem Westen kamen, mussten viele Teile selbst gefertigt oder andere Lieferanten gefunden werden, die zunächst oft mit Qualitätsproblemen zu kämpfen hatten.

Angetrieben wurde der 340er wie gewohnt von einem Reihen-Sechszylinder, der aus den bei BMW üblichen 1971 cm^3 Hubraum 55 PS mobilisierte. Das Vierganggetriebe wurde jetzt mittels Lenkradschaltung betätigt.

Die Weiterentwicklung EMW 340/2 hatte ab 1951 unter anderem auch vorn eine durchgehende Sitzbank, die hintere Armlehne entfiel. Die Frontscheibe war nicht mehr ausstellbar.

Von der viertürigen Limousine wurden einige Modellvarianten abgeleitet. So war der 340/3 ein Kastenlieferwagen mit teilweisem Stabholzaufbau, der 1950 und 1951 im VEB Karosseriewerke Halle hergestellt wurde. Daraus wurde wiederum der 340/4 in der Ausführung als Sanitätskraftwagen und der Kombiwagen 340/7 entwickelt und ebenfalls in Halle gebaut. Dazu kamen reine Chassis (340/5) und eine Handvoll Rechtslenker (340/6) für den Export. Alles in allem entstanden von den 340er Modellen 21 248 Fahrzeuge.

▲ *Auf der Entwicklungsbasis des Vorkriegsmodells BMW 326 begann ab Oktober 1949 (am 7. des Monats war die DDR gegründet worden) eine bescheidene Serienfertigung des BMW 340.*

▲ *Blick in die inzwischen modernisierte Montagehalle für die BMW 340-Fertigung zu Beginn der 1950er Jahre.*

▲ *Ein EMW 340/3 Kastenlieferwagen mit Stabholzaufbau, fotografiert im Jahre 1953. (Foto: HorchMaybach © CC-BY-SA-3.0)*

▲ *Immer wieder gerne genommen: Ein BMW 340 unterhalb der Wartburg fotografiert.*

▲ *Vornehmlich für den Export bestimmt war der Sanitätskraftwagen EMW 340/4.*

▲ *Imposante Erscheinung: Ein hervorragend restaurierter EMW 340/7 aus dem Jahre 1954. (Foto: Alexander Migl © CC-BY-SA-4.0)*

Aus BMW wird EMW

Mit der Gründung der Bundesrepublik begann BMW 1949 diverse Prozesse gegen Importeure um das weiß-blaue Markensymbol zu führen und mit den ersten Exporterfolgen im Westen strengten die Münchner auch einen Prozess gegen den ehemaligen Eisenacher Ableger an. Dabei erlangten sie alle Marken- und Patentrechte rund um das Firmensignet und stellten Eisenach vor ein Problem. Die Thüringer machten aus der Not eine Tugend und änderten, fast gleichzeitig mit der Übergabe des Werkes an die IFA (Industrieverband Fahrzeugbau der DDR), im Juli 1952, die Bezeichnung des Werkes zunächst in »Eisenacher Motorenwerke (EMW)« und wenig später in »VEB IFA Automobilfabrik EMW Eisenach«. Aus BMW wurde also EMW und den blauen, rotierenden Propellerflügel des BMW-Zeichens tauchten die Thüringer nun in kommunistisches Rot. Tatsächlich wurden die Markenzeichen anfangs einfach übermalt.

▲ *Infolge der Rechtsstreitigkeiten mit BMW wechselten die Eisenacher einfach die Farben und aus BMW wurde EMW.*

▲ *Für die letzte Saison 1955 war das EMW-Symbol noch einmal überarbeitet worden.*

EMW 327

Anders als beim EMW 340 sahen die Zahlen beim ehrgeizigen Cabrio-Projekt EMW 327/2 aus. Nachdem in den Jahren 1949/50 noch einmal 16 Fahrzeuge des Vorkriegsmodells 327, jetzt mit dem Zusatz /1 aufgebaut worden waren, sollte der bis 1941 als Cabriolet und Coupé in Eisenach entstandene Wagen nun den VEB-Betrieb zu neuem Ruhm führen. Während der Produktion bei EMW wurde die Form der Motorhaube geändert, die ursprünglich in die Seitenteile des Vorderwagens hineinreichte und mit je einem Griff vorn links und rechts zu entriegeln war. Außerdem wurde bei EMW eine Karosserie-Sicke über den Radläufen in die Kotflügel eingebracht. Beim jetzt EMW 327/2 genannten Sportcabriolet wurde das modernisierte Armaturenbrett des EMW 340 sowie dessen Lenkrad mit Lenkradschaltung übernommen.

Die Produktion des EMW 327/2 wurde 1952 von Eisenach in das Karosseriewerk Dresden, vormals Gläser, verlagert. Das Werk in Eisenach lieferte hierfür weiterhin die Fahrgestelle und Motoren nach Dresden. Insgesamt entstanden nur 353 der heute hochbegehrten und teuren Cabrios.

In den Jahren 1953 bis 1955 wurde zudem eine Coupé-Version des 327 unter der Bezeichnung 327/3 in Handarbeit gefertigt. Am EMW-Coupé waren die Türen, im Gegensatz zum Vorkriegs-Modell, vorne angeschlagen. Vornehmlich für den Export wurden lediglich 152 Exemplare gebaut.

▲ *Ein BMW 327 von 1940. 16 Exemplare dieses Sportcabriolets wurden 1949/50 mit dem Zusatz /1 aufgebaut.*

◂ *Eines der äußerst seltenen Eisenacher Coupés vom Typ EMW 327/3 mit vorn angeschlagenen Türen. (Foto: Archiv Auta5P)*

▴ *Ein EMW 327/2 aus dem Jahre 1954. Vom Urmodell deutlich durch die geänderte Motorhaube und der Sicke am Rand der Kotflügel zu unterscheiden.*

Muster ohne Wert

Die Eisenacher Automobilbauer bauten wieder Autos und die gemächlich in Schwung gekommene Entwicklungsabteilung tat das, was ihre Aufgabe war - an Nachfolgefahrzeugen arbeiten. Den Anfang machte der in zwei Exemplaren gebaute Sportwagen 340/1 von 1948. Als potentielle Nachfolger für die Modelle 327/328 entstanden hier ein klassischer Roadster und ein 2 + 2-Sitzer Cabriolet mit je 100 PS unter der Haube. Auf der Leipziger Frühjahrsmesse 1949 ausgestellt und mit 800 bis 1000 Exemplaren geplant, blieb es letztlich bei den beiden Musterfahrzeugen.

Den Typen 342 und 343, die dem Modell 340 optisch und technisch weiterentwickelt folgen sollten erging es ebenso. Bis 1951 im klassischen Pontonstil aufgebaut, nahm der eine optisch den späteren BMW 501 vorweg, der andere lehnte sich an amerikanische Vorbilder jener Zeit an. Mit Schraubenfedern und Teleskopstoßdämpfern waren hier moderne Fahrwerke entstanden.

Schließlich gab es mit der intern EMW 340/8 genannten Entwicklung, die anlässlich der Leipziger Herbstmesse 1952 vorgestellt wurde, einen weiteren potentiellen Nachfolger, der über eine andere Frontgestaltung, bessere Ausstattung und einen Motor mit 60 PS verfügte. In Eisenach waren die Zeichen schon auf eine Serienfertigung dieses Typs gesetzt, als anderswo die Weichen auf ein anderes Gleis gestellt wurden (siehe nächste Kapitel).

▲ *Der BMW 342 war 1951 der Versuch, den 340er mit einer moderneren Karosserieform aufzuwerten. Das Bild zeigt eine von zwei Karosserieversionen.*

▲ *Bei der 10000-Kilometer-Prüfungsfahrt für die neuen BMW 340, die am 17. September 1951 begann, war auch ein Sportroadster 340/1 (vorn im Bild) dabei. (Foto: Stadtarchiv Eisenach)*

▲ *Mit moderner Karosserieform nach amerikanischem Vorbild: Der BMW 343, ebenfalls von 1951.*

Der Sonder-PKW

Streng abgeschirmt von der Öffentlichkeit hatte 1952 die Entwicklung und gleichzeitiger Aufbau eines Allrad-Geländewagens mit der Bezeichnung EMW 325/3 begonnen. Bis auf den Motor hatte dieser Wagen, mit der kompletten Bezeichnung »Sonder PKW IFA EMW 325/3« nichts mit dem von 1937 bis

▲ *Vom allradgetriebenen Geländewagen EMW 325/3 waren 166 Stück im Jahre 1952 entstanden.*

1940 produzierten BMW 325 zu tun. Die Basiskonstruktion bildete hier der EMW 340, wobei mittels Verteilergetriebe und Kardan beide Achsen gleichzeitig angetrieben wurden. Der Fahrgestellrahmen bestand aus kräftigen Kastenprofilen. Bis Ende 1952 waren 166 Exemplare entstanden, die direkt an die kasernierte Volkspolizei - aus der heraus sich gut drei Jahre später die NVA gründete - nach Prora auf die Insel Rügen geschickt. Danach wurde das Projekt in Eisenach nicht weiterverfolgt.

Das Rennkollektiv

Zu Beginn des Jahres 1951 beauftragte die DDR-Regierung eine Gruppe von Fahrzeugkonstrukteuren, allen voran Ernst Ring und Arthur Rosenhammer, im Versuchs- und Prüfamt des DAMW in Berlin-Johannisthal ein Rennkollektiv aufzubauen und auf der Basis des in Eisenach gefertigten BMW 328 einen konkurrenzfähigen Rennwagen zu konstruieren, um im Straßenrennsport die Leistungsfähigkeit der sozialistischen Industrie zu beweisen. Das Ergebnis war der Rennsportwagen R1, mit dem 1952 immerhin ein Sieg auf der AVUS gelang. Nach Ende der Rennsaison 1952 wurde das Rennkollektiv zu den Eisenacher Motorenwerke verlegt und als EMW-Rennkollektiv weiter-

▲ *Der 1,5-Liter-Rennwagen aus Eisenach von 1953, den Edgar Barth und Arthur Rosenhammer steuerten.*

▲ *Der Sechszylinder-Reihenmotor leistete hier 135 PS, was für eine Höchstgeschwindigkeit von 235 km/h reichte.*

geführt. Für die anstehende Rennsaison 1953 standen neben den Wagen aus Johannisthal vier ab 1950 von den Eisenacher BMW-Werken auf Basis des BMW 328 und seines Nachfolgers BMW 340 konstruierten Rennwagen zur Verfügung, die allesamt kaum konkurrenzfähig waren. Mit einem dieser Wagen trat Edgar Barth für das EMW-Rennkollektiv zum Großen Preis von Deutschland 1953 auf dem Nürburgring an. Es war das erste Mal, dass sich ein DDR-Rennstall an einem Rennen zur Automobilweltmeisterschaft beteiligte.

In Eisenach begann man mit der Entwicklung eines neuen 1,5-Liter-Rennwagens, der von einem Sechszylinder-Viertakt-Reihenmotor aus Leichtmetall mit zwei oben liegenden Nockenwellen, zwei über Schlepphebel betätigten Ventilen pro Zylinder und Doppelzündung mit zwei Zündkerzen pro Zylinder angetrieben wurde. Der Motor leistete mit einem Hubraum von 1498 Kubikzentimetern 138 PS. Moderne Fahrwerkskomponenten und eine Stromlinienverkleidung ließen den Rennwagen konkurrenzfähig aussehen, was er letzt-

▲ *Der Arbeitsplatz der Rennfahrer des EMW-Kollektivs in den Jahren 1953 und 1954. Das Reglement schrieb für diese Klasse einen Beifahrersitz vor.*

▲ *AWE R 3 nannte sich dieser letzte Eisenacher Rennwagen der 1,5-Liter-Klasse im Jahre 1956 offiziell. Ein letztes Mal konnten die Thüringer in der internationalen Weltspitze mithalten.*

lich aber - im internationalen Vergleich - nur bedingt war. Im Winter 1953/54 entstanden neue Rennwagen mit neu entwickelten Motoren und Fahrgestellen.

Das Kollektiv startete zum Saisonauftakt am 16. Mai 1954 in Leipzig mit einem Sieg von Arthur Rosenhammer. Zum Eifelrennen am 23. Mai auf dem Nürburgring war dann der zweite Wagen einsatzbereit und wurde von Edgar Barth gesteuert. Rosenhammer schied auf dem Nürburgring mit einem Kupplungsschaden aus, Barth erreichte Platz zehn. Im August 1954 traten beide noch einmal auf dem Nürburgring an, diesmal zum Großen Preis von Deutschland, einem Sportwagenrennen im Rahmenprogramm zum Großen Preis von Europa, bei dem Barth Sechster wurde und Rosenhammer erneut ausfiel. Am 19. September auf der AVUS erreichten Barth und Paul Thiel die Plätze vier und sieben, Rosenhammer musste nach einem Brand aufgeben.

In der Winterpause 1954/55 wurden vier weitere Fahrzeuge, in die wieder diverse Verbesserungen einflossen, aufgebaut. Neben Barth, Rosenhammer und Thiel wurde Egon Binner als Fahrer unter Vertrag genommen. Edgar Barth und Paul Thiel gelangen beim Eifelrennen 1955 auf dem Nürburgring vielbeachtete Resultate: Barth gewann die Sportwagenklasse bis 1,5 Liter vor seinem Teamkollegen Thiel und Wolfgang Seidel auf Porsche 550. Beim Leipziger Stadtparkrennen (in der DDR gab es keine Konkurrenz mehr) belegten die EMW-Fahrer die Plätze eins bis vier, Rosenhammer gelang ein dritter Platz auf der AVUS. Zum Saisonwechsel 1955/56 wurde das EMW-Rennkollektiv in AWE-Rennkollektiv umbenannt. Am 29. April 1956 nahmen Rosenhammer und Barth auf ihren überarbeiteten 1955er AWE-Rennsportwagen am Großen Preis von Paris teil und belegten die beachtlichen Plätze drei und vier. Beim ADAC-1000-km-Rennen am 27. Mai 1956 auf dem Nürburgring, zu dem 57 Wagen antraten, startete das AWE-Rennkollektiv mit zwei Fahrzeugen. Paul Thiel/Egon Binner fielen in Runde 29 mit Motorschaden aus. Die Mannschaft Edgar Barth/Arthur Rosenhammer belegte Platz sieben im Gesamtklassement und wurde mit einer Runde Rückstand Dritte in der Sportwagenklasse bis 1500 cm^3 hinter den Porsche 550 RS von Wolfgang Graf Berghe von Trips/Umberto Maglioli und Richard von Frankenberg/Hans Herrmann. Ein letztes Aufeinandertreffen mit den Rennfahrern von Porsche gab es am 16. September 1956 auf der AVUS, bei denen AWE nach Porsche den dritten und vierten Platz erreichte. Nach der Saison 1956 wurde die Entwicklung von Rennsportfahrzeugen im Automobilwerk Eisenach gestoppt und das Rennkollektiv im April 1957 aufgelöst. Edgar Barth wechselte daraufhin 1957 in die Bundesrepublik zu Porsche.

Der DKW-IFA F 9

Ein elegant aussehender Wagen für Reise und Sport.
Schnell und zuverlässig bürgt dieses IFA-DKW F 9-Cabriolet dafür, daß alle Erwartungen, die anspruchsvolle Fahrer an ein Fahrzeug zu stellen gewohnt sind, erfüllt werden.

Der dänische Ingenieur Jörgen Skafte Rasmussen erwarb im Jahre 1907 nahe dem Erzgebirgsstädtchen Zschopau eine stillgelegte Textilfabrik und – in weiser Voraussicht – umfangreiches Gelände im Dischau-Tal. Dort wurde unter der Firmierung »Zschopauer Maschinenfabrik« (später Zschopauer Motorenwerke AG) die Fertigung diverser Armaturen eingerichtet und bis zum Beginn des Ersten Weltkrieges deutlich ausgebaut. Über den Umweg eines Dampfkraftwagens (DKW) hatte Rasmussen eine Idee, mit der in Zschopau eine lukrative Friedensfertigung in Gang gebracht werden sollte: Motorisierung des Fahrrades mit einem kleinen, leichten Verbrennungsmotor – schließlich hatten ja manche der schon vor dem Krieg aus Fahrradherstellern entstandenen Motorradfabriken mit einem Einbaumotor eine Fertigung aufgezogen.

Die größte Motorradfabrik der Welt

1918 war mit Hugo Ruppe ein Mitarbeiter zu ihm gestoßen, der einer thüringischen Automobildynastie entstammte, als Junior schon selbst in Markranstädt Automobile gebaut, aber auch an einem kleinen Zweitaktmotor gearbeitet hatte. Den brachte er mit und es gelang ihm, Rasmussen davon zu überzeugen, dass ein nach seinem Konzept gebauter Motor genau das sein würde, was Rasmussen suchte. So entstand also der kleine Fahrradhilfsmotor mit 118 cm³ Hubraum und 1 PS Leistung, der über eine im Kurbelgehäuse untergebrachte Zahnraduntersetzung und außen über Keilriemen das Hinterrad des Fahrrads, über dem er Platz fand, antreiben sollte. So wurde also aus der Maschinenbaufabrik ein Motorenwerk, dessen Produktion in den nächsten Jahren ständig zunahm, nachdem das Fabrikationsprogramm

▲ *»Des Knaben Wunsch« (DKW) war 1919 der erste, als Spielzeug ausgelegte, Zweitaktmotor aus Zschopau.*

▲ *Mit der E 200 stieg DKW 1928 zur größten Motorradfabrik der Welt auf.*

sehr bald für komplette Motorräder in verschiedenen Leistungsstufen erweitert worden war. Bis das Zschopauer Werk 1928 die weltweit meisten Motorräder baute.

DKW-Einstieg in den Automobilbau

Erst als in Zschopau die von Chefkonstrukteur Herrmann Weber entwickelten Zweizylinder-Zweitaktmotoren mit den höheren Leistungen zur Verfügung standen (ab 1927), konnte Rasmussens Vorhaben, ein »echtes« Automobil zu bauen, realisiert werden. In Spandau entstand mit dem Typ P 15 ein gefälliger Zweisitzer, später mit zwei Notsitzen unter der Heckklappe und Hinterradantrieb über ein Prometheus-Dreiganggetriebe und Kardanwelle auf das Differential der Hinterräder. Der 500er, später 600er Zweitaktmotor arbeitete wassergekühlt mit Thermosiphon-Umlaufkühlung. Marken-

▲ *Der heckgetriebene P 15 mit einem Zweizylinder-Zweitaktmotor war 1928 das erste echte DKW-Serienautomobil.*

typisch für DKW-Automobile war von nun an die tragende, mit Kunstleder bespannte Sperrholzkarosserie. Daneben entstand eine Automobilbaureihe mit V-4-Zweitaktmotor, die außer viel Ärger wegen technischer Probleme wenig einbrachte.

Die DKW-Frontwagen

1930 gab Rasmussen dem Zwickauer Audi-Werk, das er einige Jahre zuvor auf Drängen der Sächsischen Staatsbank übernommen hatte und für das eine neue Auslastung gefunden werden musste, den Auftrag zur Entwicklung eines Kleinwagens, der ihm der sich ständig verschlechternden Wirtschaftslage besser zu entsprechen schien. Für den Wagen, der im Werk Audi, bei Anlieferung des Motors aus Zschopau und der Karosserie aus Spandau, montiert werden sollte, war ein wiederum wassergekühlter Zweizylinder-Zweitaktmotor zunächst mit 500, dann mit 600 ccm vorgesehen, der, mit Kupplung und Dreiganggetriebe samt Differential in einem Block im Wagenbug platziert, die Vorderräder antreiben sollte (Frontantrieb). Einer noch erhalten gebliebenen Aktennotiz über das erste Entwicklungsgespräch ist zu entnehmen, dass nicht nur die Gesamtentwicklung innerhalb von sechs Wochen abgeschlossen sein sollte, sondern dass zu diesem Zeitpunkt auch das erste Musterfahrzeug zur Erprobung bereitstehen müsse! Was die beteiligten Werke auch tatsächlich schafften.

Die Versuchswagen liefen überraschend gut, so dass umgehend mit der Serienfertigung begonnen und der Frontantriebwagen im Februar 1931 auf der Berliner Automobilausstellung gezeigt wurde. Der Erfolg des schnittigen kleinen Wagens war bei den Kaufinteressenten und der Fachpresse gleichermaßen durchschlagend. Und das sicher nicht nur wegen seiner ansprechenden Technik und der modernen Formgebung, sondern auch wegen seines fast konkurrenzlosen Preises: DM

▲ *1931 eröffnete der Typ F 1 den Modellreigen der beliebten DKW-Frontantriebswagen. Wie zuvor beim P 15 waren verschiedene Karosserieaufbauten möglich. Im Bild ein 2+2-Sitzer.*

1750 mit 600er Motor und Stahlblechkarosserie, die kurz nach Lieferbeginn durch eine kunstlederbespannte Sperrholzkarosserie ersetzt wurde. Der quer im Wagen angeordnete Zweizylindermotor, noch mit Nasenkolben, verdichtete 5,5:1 bei 74 mm Bohrung und 68 mm Hub. 15 PS Leistung bei 3500 U/min, Thermosiphon-Kühlwasserumlauf, 6 V/90 Watt Leistung der Dynastartanlage waren weitere Eckdaten. Bei 450 kg Gesamtgewicht sollte das Wägelchen 75 km/h laufen.

1931-1932 wurde der DKW-Frontwagen serienmäßig wie beschrieben geliefert, 1932 mauserte er sich zur »Meisterklasse«, zunächst noch mit 600er Motor. 1933 wurde daraus die Meisterklasse mit 700er Motor, während die einfacher ausgestattete »Reichsklasse« in verschiedenen Varianten (vom F 4 bis F 8) bis 1940 in der Serienfertigung lief, die 700er Meisterklasse als F 8 bis 1942.

▲ *Eine seltene Erscheinung: F 8 Viersitzer-Limousine, viertürig, von 1939 mit nachgerüsteten Blinkleuchten.*

◂ *Auch den Typ F 8 gab es 1939 noch als Zweisitzer mit Schwiegermuttersitz.*

▲ *Das Fahrgestell des DKW-Front F 8 mit dem erstmals verwendeten Ovalrahmen diente als Basis für den F 9. Die Hinterachse blieb dabei unverändert.*

Die Umkehrspülung

Dazwischen lag das wichtige Jahr 1934, wichtig deshalb, weil es auch für die DKW-Automobilmotoren die Umstellung auf die in allen Bewertungspunkten vorteilhaftere Schnürle-Umkehrspülung brachte, für die Rasmussen eine Alleinlizenz (auch für alle anderen DKW-Motoren) erworben hatte. Übrigens in allen Entwicklungsjahren der DKW-Frontantriebwagen die einzige echte Weiterentwicklung.

Der DKW F 9 »Hohe Klasse«

Inzwischen war aus den vier Marken Audi, DKW, Horch und Wanderer (Automobile) die Auto Union entstanden und in deren zentralem Konstruktionsbüro liefen ab 1935 die Vorbereitungen für einen ungleich größeren Entwicklungsschritt. Veranlassung dazu war die voraussehbare Konkurrenz durch den von der NS-Regierung geforderten und schließlich von

▲ *Angefangen bei Zündapp in Nürnberg, dann in Neckarsulm bei NSU fortgesetzt, zeigte der Volkswagen von Ferdinand Porsche schon 1934 sein fast endgültiges Aussehen.*

Prof. Ferdinand Porsche in Angriff genommenen Volkswagen. Gegen ihn bestanden zweifellos für die beiden DKW-Typen, Reichs- und Meisterklasse, schon rein nach dem Stand der Technik, keine Wettbewerbsmöglichkeiten. Außerdem befürchtete man bei der anstehenden Typenbereinigung (Schell-Plan) zur Einsparung von Ressourcen für den bevorstehenden Krieg, mit den bisherigen Frontwagen aus dem Rennen zu sein. Deshalb sollte bei der Automobilausstellung 1940 ein einziges, ganz neues DKW-Automobilmodell der Auto Union präsentiert werden, das als F 9 »Hohe Klasse« die beiden F 8-Modelle ablösen sollte. Obwohl sich die Ingenieure bei der Entwicklung ein wenig an dem 1938 vorgestellten KdF-Wagen (der später nur noch »Käfer« genannt wurde) orientierten, entstand mit dem F 9 ein anderes, in jeder Beziehung besseres – aber auch teureres Auto. Traditionsgemäß kam wieder nur ein Zweitaktmotor infrage, jetzt mit drei Zylindern (70/78 mm Bohrung/Hub) und 28 PS bei 3600 U/ min. Das Ganze im Block mit einem synchronisierten Vierganggetriebe und abschaltbarem Freilauf. Der längsliegende Motor, von einem 30 mm Flachstromvergaser gespeist, sowie getrennter Lichtmaschine und Anlasser, saß vor dem Getriebe und hinter der Vorderachse. Es blieb also – für einen DKW selbstverständlich – beim Frontantrieb. Gekühlt wurde mittels Thermosiphon-Umlauf, wie bei den bisherigen Modellen auch. Die kunstlederbespannte Sperrholzkarosserie sollte einem Ganzstahlaufbau (in verschiedenen Varianten) weichen und von einem Kastenprofilrahmen getragen werden. Die Mitte der 1930er Jahre in Mode gekommene »Stromlinienform« war für die Gestalt der neuen Karosserie obligatorisch. Verantwortliche für die Entwicklung im Zentralen Konstruktionsbüro (ZKB) der Auto Union in Chemnitz waren der Konstrukteur Oskar Sieb-

▲ *Ebenfalls 1934 war bei DKW ein Schwebeklasse-Modell mit Stromlinien-Karosserie nach Jaray-Patenten entstanden.*

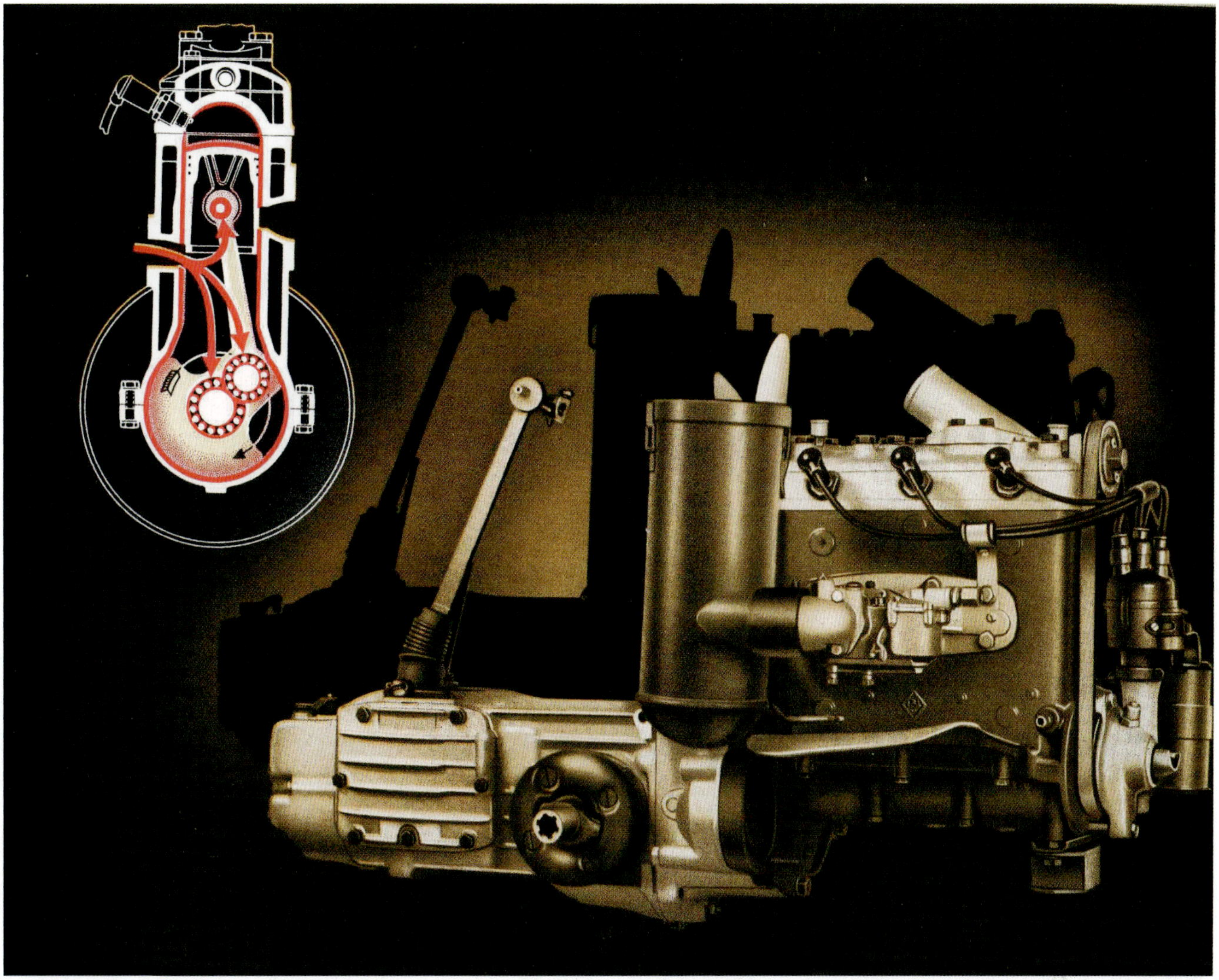

▲ *So sah die komplette Triebwerkseinheit für den F 9 aus; sowohl für die Prototypen des »DKW Hohe Klasse« wie auch für die ab 1949 in Zwickau gefertigten IFA F 9-Modelle.*

ler, Dipl.-Ing. Hans Müller (später als Müller-Andernach bekannt), der während des Krieges als Versuchsleiter ins DKW-Werk Zschopau wechselte und der bei der Gründung der Auto Union von Horch gekommene William Werner, dessen Skepsis gegenüber Zweitaktmotoren wenig zum sprühenden Zweitakt-Optimismus seines Vorstandskollegen, Verkaufsdirektor Carl Hahn, passte. Hahn war schon frühzeitig zu Rasmussen gestoßen und hatte entscheidend zum DKW-Erfolg beigetragen.

Am 17. August 1938 begannen die Probefahrten mit dem ersten Prototyp, der noch in F 8-Bauweise ausgeführt war; erst zu Beginn des Jahres 1939 standen die von Albert Locke und Günter Mickwausch entworfenen Ganzstahlkarosserien, die im DKW-Karosseriewerk Berlin-Spandau gebaut wurden, zur Verfügung.

Die geplante Erstvorstellung des 900er Dreizylinderwagens F 9 anlässlich der Berliner Automobilausstellung 1940 fiel freilich aus - inzwischen hatte der Zweite Weltkrieg begonnen.

▲ *Der neue, sehr solide Dreizylinder-Zweitaktmotor war im Gegensatz zu den Vorgängermodellen vor der Vorderachse angeordnet und längs eingebaut.*

▲ *Der Auto Union-Konstrukteur Oskar Siebler war einer der Väter des neuen DKW-Frontwagens. Nach dem Krieg war er zur neuen Auto-Union GmbH nach Ingolstadt gewechselt.*

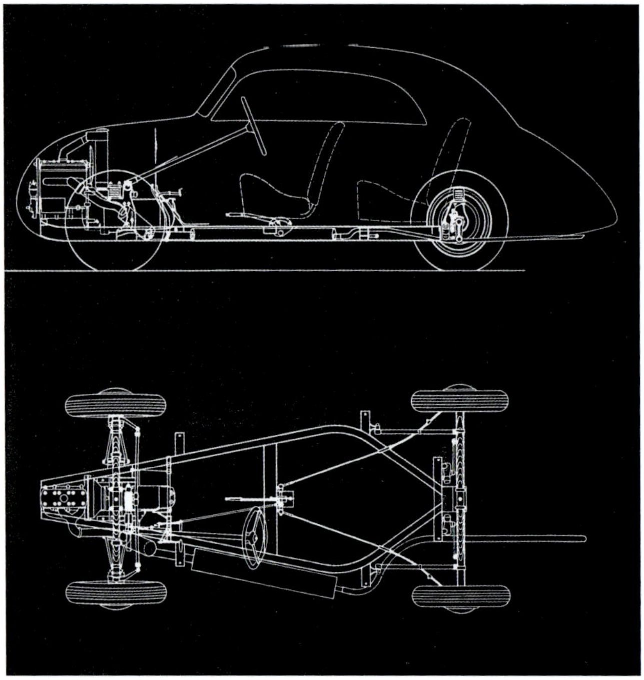

▲ *Der neue DKW F 9 wurde als äußerst gelungen bezeichnet und galt ein Jahrzehnt später immer noch als modern.*

▲ *Zur geplanten Vorstellung des F 9 auf der Berliner Automobilausstellung entstanden 1940 Fotos einer Prototypen-Limousine für ein erstes Verkaufsprospekt.*

Trotzdem liefen bei Kriegsbeginn und während der nächsten Jahre mehrere Versuchswagen mit dem 900 ccm großen Dreizylindermotor im Streckenversuch. 12 Versuchs- und Vorserienwagen waren mit verschiedenen Karosserievarianten gebaut worden: Limousine zweitürig mit und ohne Schiebedach, Limousine viertürig und schließlich auch zwei zweitürige Cabriolets. 1942 wurden die Arbeiten am F 9 kriegsbedingt eingestellt. Viel blieb von diesen Fahrzeugen, die nach dem Krieg von Besatzungsangehörigen zu Schrott gefahren wurden, nicht übrig.

▲ *Die Platzverhältnisse waren deutlich besser, als bei den bisherigen DKW-Modellen, die Türen blieben weiterhin an der B-Säule angeschlagen.*

▲ *Tachometer, Kühlwassertemperaturanzeige und Zeituhr neben einem riesigen Handschuhfach. Geschaltet wurde immer noch mittels Krückstock.*

▲ *Einen von außen zugänglichen Kofferraum hatte es bei den bisherigen DKW-Limousinen auch noch nicht gegeben.*

▲ *Mit Tarnlicht und abgedunkelten Scheinwerfern spulte ein F 9-Vorserienwagen seine Testkilometer in Berlin herunter.*

▲ *Der gleiche Wagen an gleicher Stelle aus einer anderen Perspektive aufgenommen. Die meisten Prototypen und Vorserienwagen sind während des Krieges zerstört worden.*

▲ *Ein geretteter DKW F 9 »Hohe Klasse« steht heute im Audi-Museum in Ingolstadt. Die Karosserieform hatte seinerzeit der Gebrauchsgraphiker Günther Mickwausch entworfen.*

Nach dem Krieg in Zwickau

Nach dem verlorenen Krieg übernahmen die Sowjets ab dem 8. Mai 1945 die Macht in Chemnitz und ab dem 5. Juni auch die in Zwickau. Führende Mitarbeiter der Auto Union hatten sich da schon nach Bayern abgesetzt. In der Folge wurden die Werke der Auto Union enteignet, demontiert und alles Brauchbare in die Sowjetunion gebracht. Sämtliche Konstruktionsunterlagen für den F 9, sofern sie nicht vorher schon in den Westen gelangt waren, wurden jetzt von den Sowjets beschlagnahmt und zusammen mit dem letzten verbliebenen Prototyp abtransportiert.

Ab 1947 begannen, mehr oder weniger heimlich, erste zaghafte Bemühungen, die Konstruktion des F 9 wieder aufleben zu lassen. Aus noch vorhandenen Teilen (die offiziell als Schrott gekennzeichnet waren, um sie dem Zugriff der Sowjets zu entziehen) wurde ein Motor aufgebaut und gleichzeitig für eine spätere Serienproduktion leicht verändert (Kurbelwelle mit weniger Teilen, gleiche Kolben für alle drei Zylinder). Walter Haustein zeichnete auf Basis des F 8-Rahmens das Fahrgestell mit einigen Veränderungen neu (neue Radaufhängung vorn, aber komplette F 8-Hinterachse).

Die ersten Nachkriegsfahrzeuge

Zunächst von den Sowjets genehmigt, erfolgte die Vorstellung des ersten F 9 anlässlich der Leipziger Frühjahrsmesse 1948. Freilich nun als DKW-IFA F9 und als Repräsentationsstück der volkseigenen Industrie, das in Wirklichkeit noch aus Vorserienteilen von 1940 aufgebaut worden war. Weitere Fahrzeuge entstanden noch 1948 in mühsamer Einzelfertigung aus vorhandenen oder per Hand nachgefertigten DKW-Restteilen. Nachdem die Zeichnungssätze (Albert Locke hatte die Karosserie im Werk Horch in Zwickau komplett neu gezeichnet) wieder komplett waren, entstanden 1949 weitere sechs Neufahrzeuge in Handarbeit (trotzdem sprach man offiziell vom Beginn der Serienproduktion!), die gegenüber den vorherigen Prototypen einige, zum Teil wichtige (hydraulische Bremsanlage) Änderungen aufwiesen.

▲ *Der 1948 von der IFA präsentierte F 9 entsprach exakt der 1940 für Prospektfotos abgelichteten Limousine, die vermutlich aus Teilen neu aufgebaut worden war.*

▲ *Die Röntgenzeichnung gibt einen guten Einblick in die zwar einfache, aber zu dieser Zeit immer noch aktuelle Technik.*

Die »Serienproduktion«

Nachdem die auf Befehl der Sowjets nach dem Krieg völlig demontierten Werke Audi und Horch ganz langsam wieder mit Werkzeugmaschinen, Pressen usw. bestückt werden konnten, war dann ab 1950 so etwas wie eine Kleinserienfertigung (nicht zuletzt wegen ständig fehlendem Karosserie-Tiefziehblech) möglich. In Zwickau kämpfte man genauso um jedes Zulieferteil und dessen Qualität, wie das schon für das Eisenacher Werk beschrieben wurde. 260 F 9 entstanden noch 1950, 701 Exemplare im Jahr darauf. Die F 9-Fertigung teilten sich die Firmen Horch (Karosseriebau), Motorenwerk Chemnitz (ehemals Presto) und Audi (Fahrwerk und Endmontage), selbstverständlich inzwischen alles VEB-Betriebe. Ab Oktober 1950 änderte sich die Typenbezeichnung von DKW-IFA F 9 in IFA F 9. Wesentlicher äußerer optischer Unterschied zu den alten DKW-Prototypen waren die neuen einzelnen Stoßecken anstelle der durchgehenden Stoßstangen.

▲ *Im März 1951, anlässlich der Leipziger Frühjahrsmesse, erschien der erste umfangreiche (16 Seiten) Farbprospekt für den DKW-IFA F 9.*

▲ *Der wichtigste optische Unterschied zu den älteren DKW-Vorserienwagen waren die jetzt geteilten Stoßecken vorn und hinten. Motorhaube und Kofferklappe wurden mit einem Türgriff geöffnet.*

▲ *1951 war ein F 9 in der DDR ein absolutes Luxusgut, das sich nur ganz wenige leisten konnten.*

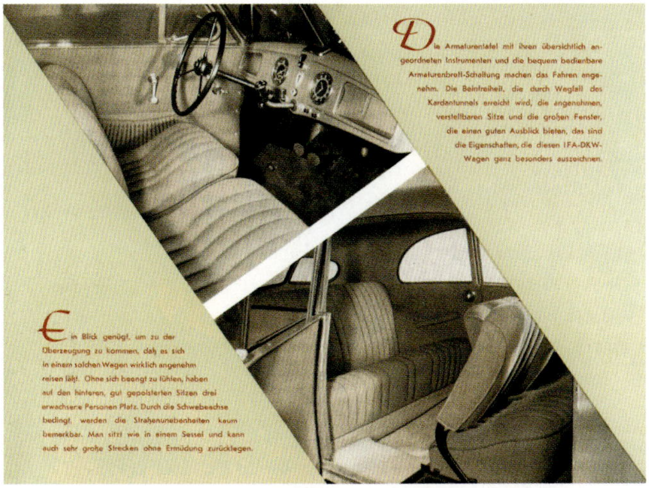

▲ *Die Innenausstattung samt Lenkrad und Armaturentafel entsprach noch weitestgehend dem DKW-Vorbild. Die DKW-Symbolik im und auf dem Fahrzeug war für das Selbstbewusstsein der Belegschaft und für den Export wichtig.*

▲ *Eine F 9-Limousine aus der ersten größeren Serie von 1950. Über dem Kühlergrill das DKW-Zeichen, und auf dem Grill die IFA-Raute.*

F 9-Varianten

1951 ergänzte ein Cabriolet (1950 war schon ein Roadster vorgestellt worden, der ein Einzelstück blieb) mit Aufbauten vom Karosseriewerk Dresden (vormals Gläser) das F 9-Angebot. 1952 kamen eine Cabrio-Limousine vom Karosseriewerk Meerane und zwei Kombiausführungen (Ganzstahlaufbau oder Holz-Gemischtbauweise) vom Karosseriewerk Dresden, Betriebsteil Radeberg hinzu.

Wegen des ständig akuten mangels an Tiefziehblech, das man nicht mehr aus dem Westen beziehen konnte, war zu Versuchszwecken schon 1951 eine Cabrio-Limousine aus Kunststoff-Karosserieteilen zusammengesetzt worden. Zu dieser Zeit glaubten einige Ingenieure noch fest daran, dass die Versuche mit Kunststoff, die später zum Duroplast für P 70 und Trabant führten, auch für eine Serienproduktion des F 9 mit Kunststoff-Karosserie infrage kommen könnten. Die vielen Rundungen der F 9-Teile ließen dies aber letztlich nicht zu.

Nach vielen Verbesserungen und Weiterentwicklungen im Laufe der kurzen Produktionszeit (1952 waren 901 Wagen entstanden) wurde die Fertigung des F 9 am 28. Februar 1953 in Zwickau eingestellt, was dort, speziell im Audi-Werk, im wörtlichen Sinne eine gewisse Leere und nur noch die Fertigung des antiquierten F 8 hinterließ. Aber die Produktionszahlen mussten dringend nach oben gefahren werden, wofür das Eisenacher Automobilwerk kurzfristig besser geeignet schien. Außerdem sollte der Standort Zwickau auf die Großserienproduktion des Kleinwagens P 50 vorbereitet werden, die dann aber noch einige Jahre auf sich warten ließ.

▲ *Der F 9 Zweisitzer-Roadster ist heute eine Legende im DDR-Fahrzeugbau; dieser originale Prototyp von 1950 ist vermutlich ein Einzelstück, Könner versuchten sich immer wieder mal an Nachbauten.*

▲ *Mit dem F 9 Cabriolet setzte die ehemalige Firma Gläser aus Dresden ihre Tradition wunderschön geschnittener Karosserieaufbauten fort.*

▲ *Auch mit Stabholz ließ sich Karosserieblech sparen. Ein Kombiaufbau vom Karosseriewerk Dresden, Betriebsteil Radeberg. Die allermeisten DDR-Bürger dürften so ein Fahrzeug, das es auch in Ganzstahlausführung gab, nie auf der Straße gesehen haben.*

▸ *Die ersten F 9-Ganzstahlkombis, sowohl aus Zwickau wie dann auch aus Eisenach, waren an der rechts angeschlagenen Hecktür zu erkennen.*

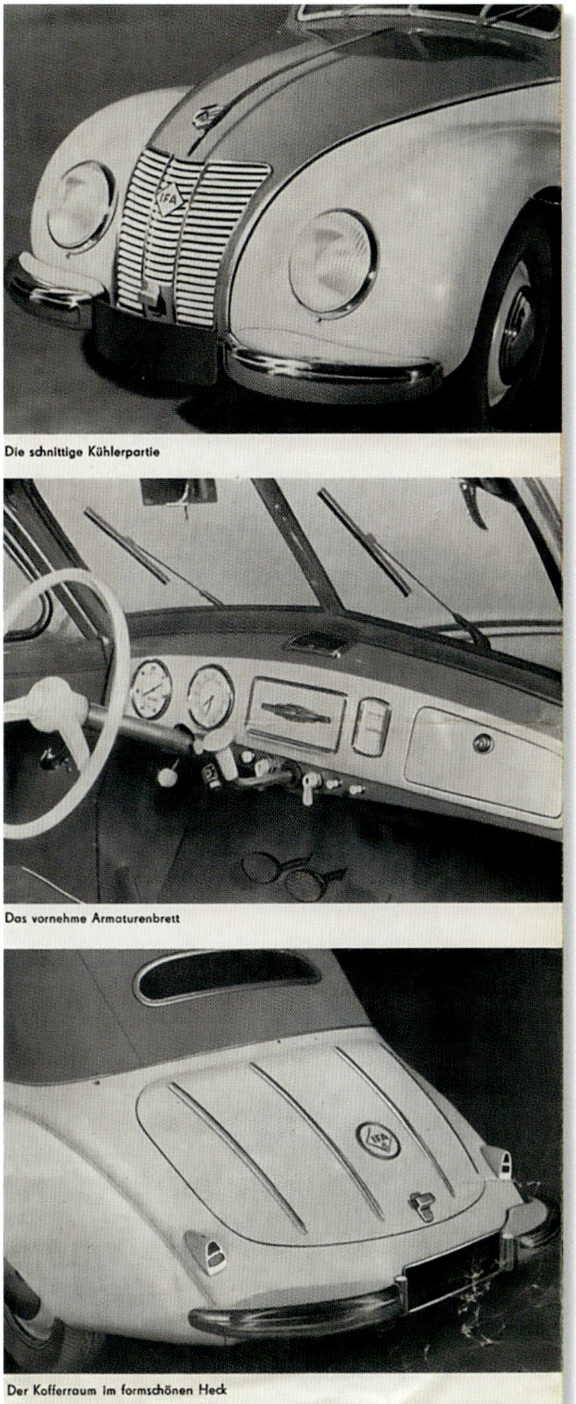

▲ *Das Prospekt von 1951 zeigt einige Neuerungen, wie die Heckleuchten, die Zierleisten auf der Kofferraumklappe und die Neugestaltung des Innenraums mit weißen Armaturen und weißem Zweispeichen-Lenkrad.*

▲ *Dieses Bild stammt aus dem F 9-Prospekt vom Oktober 1951. Der rechteckige Knauf unten am Kühlergrill deutet auf die Motorhauben-Entriegelung von innen hin, die laut Kundendienst-Rundschreiben aber erst 1954 wirksam wurde.*

▲ *Die mit Teilen aus Pressstoff (offizielle Bezeichnung »Bestal«, besser als Stahl) beplankte Cabrio-Limousine blieb ein Unikat.*

▲ *Ein IFA F 9 aus Zwickauer Produktion (rechts) neben einem DKW F 89, dem ersten Nachkriegs-DKW aus Ingolstadt. Letzterer noch mit dem alten, aber modernisierten Zweizylinder-Motor.*

Der F 9 kommt nach Eisenach

Mit der Rückgabe des Eisenacher Automobilwerkes an die DDR, waren die Zusagen der Sowjets für die weitere Serienproduktion von Sechszylinderwagen nur noch Makulatur. Die VVB Automobilbau entschied, die Fertigung der großen Mittelklassewagen, die eher wenig zur Automobilisierung der breiteren DDR-Bevölkerung beitragen konnten, zu beenden und dafür die Großserienproduktion des F 9 aufzunehmen. Die Umsetzung wurde trotz nicht unerheblichen Murrens seitens der Eisenacher Belegschaft – inzwischen wieder rund 8000 Mitarbeiter – konsequent vorangetrieben. Der Abstieg vom großen Sechszylinder-Viertakter zum kleinen Dreizylinder-Zweitakter schmerzte doch sehr und es entstand hier zwischen den Automobilwerken in Eisenach und Zwickau eine wunderbare Feindschaft, die auch auf Grund anderer, zukünftiger Entscheidungen, bis 1989 anhielt. Die Parteipropaganda lief auf Hochtouren und selbst der hochgeschätzte Oberingenieur Siegfried Rauch, zu dieser Zeit Technischer Leiter im FEW (Forschungs- und Entwicklungswerk der IFA in Chemnitz/Karl-Marx-Stadt), der dazu abgestellt worden war, den Eisenachern den F 9 schmackhaft zu machen, schaffte dies nur bedingt. Das Kapiteleingangsfoto zeigt einen der ersten in Thüringen gebauten IFA F 9, noch mit geteilter Frontscheibe.

▲ *Der Zweitakt-Spezialist Siegfried Rauch, zu dieser Zeit Technischer Leiter im FEW, hatte die Aufgabe, die skeptischen Eisenacher Automobilbauer von den Vorzügen des F 9 zu überzeugen.*

Die Fertigung beginnt

Am 30. April 1953 verließ der letzte EMW 340 die Montagehalle; zuvor, am 5. März, war offizieller Produktionsbeginn für den IFA F 9, der in Eisenach nun die interne Bezeichnung EMW 309 erhielt. Die Rechnung der Planwirtschaftler ging schnell auf, 7550 Fahrzeuge konnten noch 1953 in Eisenach montiert werden. Und aus der Not eine Tugend machend, waren die Konstrukteure und Ingenieure schnell darangegangen, den F 9 technisch zu verbessern und neue Karosserievarianten auf die Räder zu stellen. Zu der Limousine (13 200 Mark/Ost), dem Cabriolet (14 000 Mark/Ost) und dem Kombi (dessen Aufbau jetzt aus dem VEB Karosseriewerk Halle kam und der 12 650 Mark/Ost kostete), die schon zu Zwickauer Zeiten gebaut worden waren, gesellten sich bis August 1954 weitere Fahrzeugvarianten: Limousine mit Rechtslenkung, Kombiwagen mit einem Heckaufbau aus Holz und Stahl (»Woody«, wurde nur 1954 angeboten), Cabrio-Limousine (Karosseriewerk Meerane, 14 600 Mark/Ost), Limousine mit Stoffschiebedach, Pick-Up auf Basis des Kombi und schließlich das Polizei-Einsatzfahrzeug.

▲ *Mit seinem in einer Holz- und Blechkombination aufgebauten Heck war dieser F 9 Kombi ein echter »Woody«, den kaum je ein DDR-Bürger zu Gesicht bekam.*

▲ *Genauso wie diesen Ganzstahl-Kombi mit großem Schiebedach. Wegen häufiger Undichtigkeiten wurden die Dächer später meistens mit einem Kunstlederbezug geschlossen.*

▲ *Der ebenfalls seltene F 9 Pick Up war aus dem Kombi heraus entwickelt worden. Hier schon mit links angeschlagener Hecktür ab August 1954.*

▲ *Von der IFA F 9 Cabriolimousine, hier bereits mit durchgehender Frontscheibe ab August 1954, wurden nur 680 Exemplare gebaut – ein heute sehr begehrtes Sammlerstück. (Foto © Uwe Udo Jacob)*

▲ *Das Polizei-Einsatzfahrzeug wurde immer wieder gerne für Siegerehrungen bei Motorsportveranstaltungen eingesetzt. Hier in Schleiz 1955. (Foto: motorrennsport-archiv.de)*

▲ *Beim Polizei-Einsatzfahrzeug waren die Frontscheiben ausstellbar und blieben deshalb bis zum Schluss geteilt.*

Modellpflege

Neben vielen kleinen Änderungen (z. B. Kombiinstrument vom EMW 340) wurden bereits 1953 die Stoßdämpfer verstärkt, der Tank vom Motorraum in das Fahrzeugheck verlegt (wie das schon bei den Vorkriegsversuchswagen der Fall war), mit einer Kraftstoffpumpe ausgerüstet und (1954) auf 40 Liter vergrößert, was insgesamt eine Änderung des Rahmens bedingte. Der Tankeinfüllstutzen befand sich zunächst auf dem Kotflügel hinten rechts, ab Fahrgestell-Nr. 59601 im Heck neben dem Kofferraumdeckel.

Ab September 1953 wurde der F 9 mit einer Blinkanlage ausgerüstet. Unter anderem durch einen geänderten Zylinderkopf mit jetzt stehenden Kerzen konnte ab April 1954 die Motorleistung von 28 auf 30 PS gesteigert werden.

Sukzessive kamen an den verschiedenen Karosserievarianten

▲ *Vorn und hinten durchgängig gewölbte Scheiben kamen ab August 1954 bei der Limousine und beim Cabriolet zum Einsatz.*

▲ *Erst mit dem Modelljahr 1955 erhielt auch der Kombi als letzter F 9 eine durchgehende Frontscheibe.*

vorn und hinten durchgehend gewölbte Scheiben zum Einsatz, zuerst ab August 1954 bei der Limousine, zuletzt erst 1955 beim Kombi.

Die Heizungs- und Belüftungsanlage konnte deutlich verbessert werden, eine Lenkradschaltung ersetzte ab 1954 optional und 1955 dann serienmäßig den guten alten »Krückstock«.

Weitere nennenswerte Änderungen ab August 1954: Kombi mit links angeschlagener Hecktür, Fernentriegelung der Motorhaube (Entfall des Öffnerhebels, dafür quadratischer Griff), verbesserte Scheinwerfer und neue Instrumententafel.

Eine wesentliche Änderung betraf ab Fahrgestell-Nr. 61944 die vordere Radaufhängung mit neuen Lenkerarmen und Schwenklagern.

Weiterhin änderten sich das Kupplungspedal samt der Pedalwelle, das Ausgleichsgetriebe und der Auspuff (ab Fahrgestell-Nr. 62506 mit zusätzlichem, rundem Vorschalldämpfer).

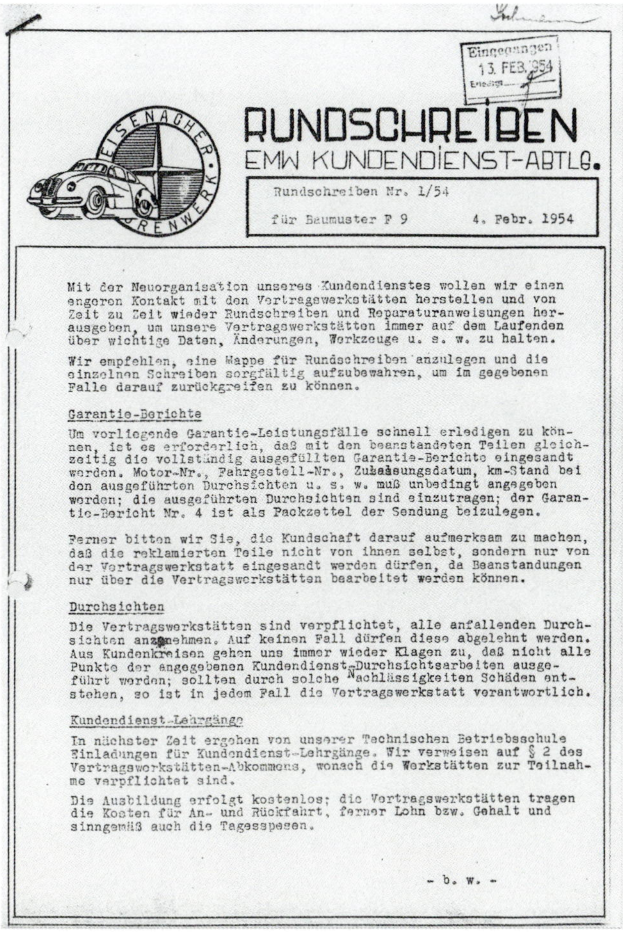

Eingegangen 13. FEB. 1954

Erledigt

RUNDSCHREIBEN

EMW KUNDENDIENST-ABTLG.

EISENACHER MOTORENWERK

Rundschreiben Nr. 1/54

für Baumuster F 9 — 4. Febr. 1954

Mit der Neuorganisation unseres Kundendienstes wollen wir einen engeren Kontakt mit den Vertragswerkstätten herstellen und von Zeit zu Zeit wieder Rundschreiben und Reparaturanweisungen herausgeben, um unsere Vertragswerkstätten immer auf dem Laufenden über wichtige Daten, Änderungen, Werkzeuge u. s. w. zu halten.

Wir empfehlen, eine Mappe für Rundschreiben anzulegen und die einzelnen Schreiben sorgfältig aufzubewahren, um im gegebenen Falle darauf zurückgreifen zu können.

Garantie-Berichte

Um vorliegende Garantie-Leistungsfälle schnell erledigen zu können, ist es erforderlich, daß mit den beanstandeten Teilen gleichzeitig die vollständig ausgefüllten Garantie-Berichte eingesandt werden. Motor-Nr., Fahrgestell-Nr., Zulassungsdatum, km-Stand bei den ausgeführten Durchsichten u. s. w. muß unbedingt angegeben werden; die ausgeführten Durchsichten sind einzutragen; der Garantie-Bericht Nr. 4 ist als Packzettel der Sendung beizulegen.

Ferner bitten wir Sie, die Kundschaft darauf aufmerksam zu machen, daß die reklamierten Teile nicht von ihnen selbst, sondern nur von der Vertragswerkstatt eingesandt werden dürfen, da Beanstandungen nur über die Vertragswerkstätten bearbeitet werden können.

Durchsichten

Die Vertragswerkstätten sind verpflichtet, alle anfallenden Durchsichten anzunehmen. Auf keinen Fall dürfen diese abgelehnt werden. Aus Kundenkreisen gehen uns immer wieder Klagen zu, daß nicht alle Punkte der angegebenen Kundendienst-Durchsichtsarbeiten ausgeführt werden; sollten durch solche Nachlässigkeiten Schäden entstehen, so ist in jedem Fall die Vertragswerkstatt verantwortlich.

Kundendienst-Lehrgänge

In nächster Zeit ergehen von unserer Technischen Betriebsschule Einladungen für Kundendienst-Lehrgänge. Wir verweisen auf § 2 des Vertragswerkstätten-Abkommens, wonach die Werkstätten zur Teilnahme verpflichtet sind.

Die Ausbildung erfolgt kostenlos; die Vertragswerkstätten tragen die Kosten für An- und Rückfahrt, ferner Lohn bzw. Gehalt und sinngemäß auch die Tagesspesen.

- b. w. -

▲ *Mit der Neuorganisation des Kundendienstes im Eisenacher Werk änderte sich auch der Kopf der Rundschreiben für den F 9.*

▲ Der F 9 mit einteiliger Frontscheibe, aber noch mit dem Cockpit, einschließlich Krückstockschaltung, bis 1954

▲ 1955 erhielt der F 9 eine neue Instrumententafel und wurde mit der für den Wartburg 311 entwickelten Lenksäule samt Lenkrad und Schalthebel bestückt. (Foto: © Kay Wutzmann)

▲ Der Kombi mit links angeschlagener Hecktür kam erst ab August 1954 auf einen herstellerseitig sehr eingeschränkten Markt.

Duroplast und Panorama

In den Jahren 1954 und 1955 gab es Versuche, Kotflügel, Motorhaube und Kofferklappe aus Kunststoff (Duroplast) zu fertigen. Einige dieser Teile sollen sogar in die Serienproduktion eingeflossen sein. Auch wurden mindestens zwei F 9-Prototypen mit einer Panorama-Heckscheibe ausgerüstet, wie sie inzwischen bei den DKW-Wagen aus Ingolstadt serienmäßig war.

▸ *Ein weiterer Wagen mit Panorama-Heckscheibe (andere Dach-Seitenfensterführung) auf dem Gelände der Eisenacher Motorenwerke.*

▲ *Mehrere F 9-Versuchswagen wurden mit einer geteilten Panorama-Heckscheibe ausgestattet. Vermutlich zwei Limousinen und eine Limousine mit Schiebedach.*

Export und Produktionsende

Am 6. Januar 1956 hat die letzte IFA F 9-Limousine das Eisenacher Werk verlassen, am 9. Mai dann mit der Fahrgestell-Nr. 79784 der letzte Kombi. 38.603 Fahrzeuge dieses Typs waren in Thüringen gebaut und eine nicht unerhebliche Anzahl davon exportiert worden. Belgien und die skandinavischen Länder hatten sich als stärkste Interessenten für den F 9 herauskristallisiert. Aber auch Länder wie die Schweiz, Argentinien und Bolivien gehörten zu den Eisenacher Kunden; nach Südamerika wurden die Fahrzeuge übrigens als Bausatz (Fahrgestelle mit Karosserie bis zur B-Säule) geliefert.

Ab Mai 1956 begann im VEB Karosseriewerk Dresden die Fertigung von Ersatzkarosserien, mit denen in der Folgezeit noch so mancher komplette F 9 aufgebaut wurde. Diese Karosserien waren am einfachen, einteiligen Grill mit Alueinfassung und der Kofferraumklappe ohne Zierleisten zu erkennen. Innen wie außen wurden viele Teile vom Wartburg 311 verbaut, so z. B. Boden, Instrumente, Blinkleuchten, Innengriffe, Sitze und diverse Gummiteile.

▲ *Einteiliger Kühlergrill der nach dem Auslaufen der Eisenacher F 9-Produktion im Karosseriewerk Dresden hergestellten Ersatzkarosserien.*

▸ *Der belgische Importeur Pierreux entwickelte sich zu einem der wichtigsten Exportpartner der Eisenacher. Später kaufte er neben dem Wartburg auch Barkas-Fahrzeuge ein.*

IFA
VEB
3 cyl.
AGENCE :
Garage G. NÉLIS
Joubiéval - Vielsa - Tél. 632
Agence Générale pour la Belgique et le Grand-Duché de Luxembourg :
Algemeen Agentschap voor België en het Groot-Hertogdom Luxemburg :
Etabl. PIERREUX
210, avenue Jean Dubrucq, Bruxelles
Tél. 26 81 31
3, rue du Parnasse, Bruxelles
Tél. 11 51 47
Brussel, Jean Dubrucqlaan 210
Tel. 26 81 31
Brussel, Parnassusstraat 3
Tel. 11 51 47

Vom EMW 309 zum Wartburg 311

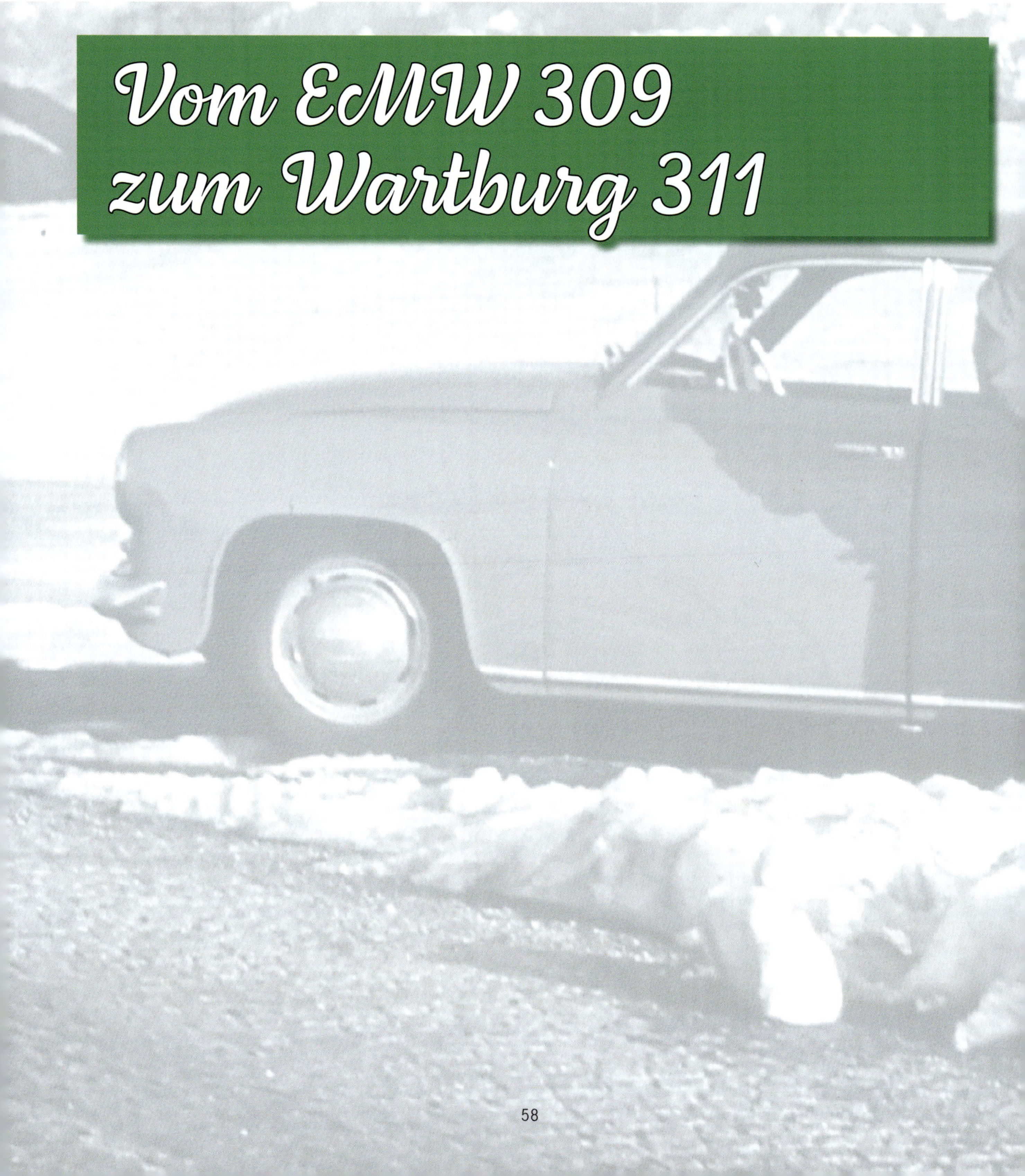

Das Forschungs- und Entwicklungswerk der IFA, kurz FEW, war 1952 aus dem Automobiltechnischen Büro (ATB) hervorgegangen, das schon 1946 auf Betreiben des sowjetischen Automobilbau-Ministeriums in Chemnitz gegründet worden war. Und zwar auf dem Gelände der Zentralen Versuchsabteilung (ZVA) der Auto Union und mit deren rund 120 verbliebenen Mitarbeitern. Diese sollten die Entwicklungen der Auto Union, speziell im Rennsportbereich aufarbeiten und möglichst fortführen. So entstanden um 1950 herum mehr oder weniger sinnvolle Rennmotor- und Rennwagenkonstruktionen, aber auch Prototypen von normalen Automobilen und sogar von einem Motorrad. In eine Serienproduktion wurde davon freilich nichts umgesetzt. Das änderte sich auch nicht, als das FEW maßgeblich die Entwicklung der zweiten Kraftfahrzeug-Generation in der DDR vorantreiben sollte. Im Automobilbereich hieß das Ablösung des betagten F 8 durch ein völlig neues Kleinwagenkonzept in Zwickau und Konstruktion eines neuen Sechszylindermodells in Eisenach.

▲ *So stellte man sich im Chemnitzer FEW die Nachfolger für den IFA F 8 (links) und den F 9 vor. Die Karosserien sollten im Wesentlichen aus Kunststoff bestehen. Zwischen den Fahrzeugen der Versuchsfahrer Harald Linke.*

Das FEW und der F 9

Den F 9 betreffend erarbeiteten die Konstrukteure die Verbesserungen am Motor, die dann später in Eisenach umgesetzt wurden (siehe vorangegangenes Kapitel) und zur Leistungssteigerung von 2 PS führten. Weniger Erfolg hatten die Chemitzer, die bald Karl-Marx-Städter werden sollten, mit ihren Vorschlägen für eine neue Karosserieform. Hier gab es einen Prototyp, der zeitgleich mit den ersten P 50-Versuchswagen aufgebaut worden war und in der Folge mehrere zweitürige Karosserievorschläge in Form von Holzmodellen. Als Karosseriewerkstoff sollte Kunststoff zur Anwendung kommen. Die Entwürfe kamen aber sämtlich nicht zum Zuge. Hier spiegelte sich das Dilemma wider, das schließlich 1955 zur Auflösung des FEW führte: Die Kraftfahrzeugbauer in Eisenach und anderswo in der DDR hatten ihre eigenen Konstruktionsabteilungen und trotz massiver Kriegsverluste und Abwanderung in den Westen auch immer noch genügend fähige Konstrukteure, die engagiert und motiviert ihre eigenen Pläne verwirklichen wollten. Mit dem Verhältnis von FEW zu den produzierenden IFA-Betrieben stand es daher also nicht immer zum Besten.

▲ *Verschiedene Karosserievorschläge aus Holz, bis hin zum 1:1-Modell, entwickelt in den Jahren 1953 bis 1955 vom FEW, für mögliche neue DDR-Pkw, auch aus Eisenach.*

F 9-Nachfolger gesucht

In Eisenach begannen die Konstrukteure schon mit der Übernahme der F 9-Fertigung aus Zwickau an einem Nachfolgetyp zu arbeiten. Besonders ein gewisser Hans Fleischer, seines Zeichens Karosseriekonstrukteur (heute würde man ihn auch als Designer bezeichnen), hatte sich 1954 Gedanken zu einem moderneren Limousinenaufbau für den F 9 gemacht. Und im August 1954 war eine von ihm gezeichnete Karosserie auf ein um 100 mm verlängertes Fahrgestell des F 9 gesetzt und allgemein als sehr gelungen bezeichnet worden. Dieses erste Fahrzeug war noch ein Zweitürer mit Panoramaheckscheibe (wie man sie ursprünglich am F 9 einführen wollte). Ein weiterer, ebenfalls 1954 aufgebauter Prototyp, der jetzt bereits unter der internen Bezeichnung EMW 311 lief, verzichtete auf die dreigeteilte Heckscheibe, hatte aber schon die angestrebten vier Türen. Im Oktober stand auch das Design der Motorhauben-Plakette für das neue Fahrzeug fest, für das es zwei Entwürfe gegeben hatte. Wie in der DDR zu jener Zeit üblich, liefen diese Entwicklungsarbeiten ohne Genehmigung der staatlichen Behörden inoffiziell und hinter deren Rücken. Als das Ganze dann zu Beginn des Jahres 1955 so weit gediehen war, dass es sich nicht mehr verheimlichen ließ, war die Empörung seitens des Ministeriums für Maschinenbau und der VVB Automobilbau ob der Verschwendung volkswirtschaftlicher Ressourcen zunächst groß. Doch konnte niemand verhehlen, dass den Eisenachern hier ein großer Wurf gelungen war, der sich wirtschaftlich und politisch letztlich gut für die Zwecke der sozialistischen Staatsmacht einsetzen ließ. Denn mögliche steigende Exportzahlen versprachen höhere Deviseneinnahmen und das moderne Automobil führte die ostdeutsche Planwirtschaft näher an die westdeutsche »Ausbeutergesellschaft« heran. Diese zu überholen war ja noch lange offizielles Ziel der DDR-Politik. Den endgültigen Ausschlag für die Genehmigung der Serienproduktion des neuen »Wartburg 311« dürfte eine Klage wegen unlauteren Wettbewerbs gewesen sein, die die neu gegründete, westdeutsche Auto Union aus Ingolstadt gegen die ostdeutschen Automobilbauer anzettelte. Genauer gesagt, gegen den Schweizer F 9-Importeur, die Schneider AG in Zürich, wegen der Ähnlichkeit der F 9-Karosserie mit der des DKW 3=6. Ein kompliziertes juristisches Verfahren mit offenem Ausgang, um das man sich mit der Serieneinführung des neuen Wartburgs keine Gedanken mehr zu machen brauchte. Nachdem die Ampel nun offiziell auf Grün gestellt war, konnte es den Behörden nicht schnell genug gehen und mehr als sieben Millionen Mark für das Eisenacher Werk sollten für eine baldige Umsetzung in die Serienproduktion sorgen.

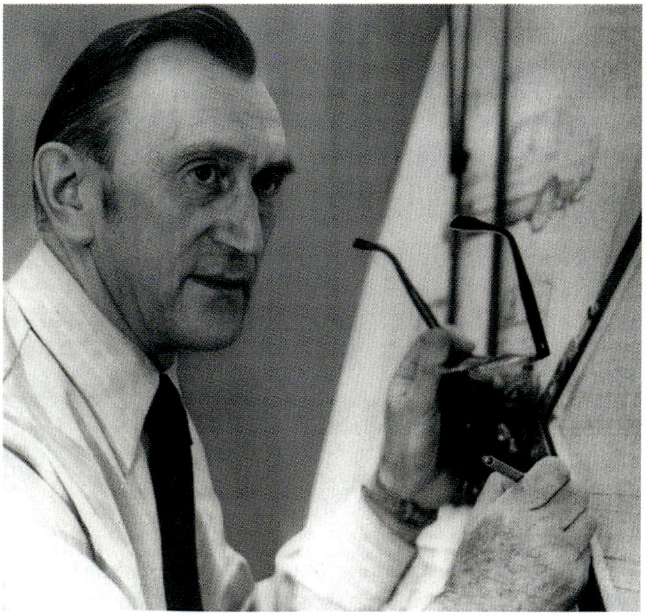

▲ *Hans Fleischer (1919-1986) war als Formgestalter maßgeblich an allen Karosserieentwürfen aus Eisenach nach 1945 beteiligt. Vor allem aber mit dem Wartburg 311 und seinen Varianten gelang ihm ein großer Wurf.*

▲ *Der erste, von Hans Fleischer gezeichnete Prototyp des neuen Wartburg war noch ein Zweitürer mit Panorama-Heckscheibe.*

Die Produktion des neuen »Wartburgs« beginnt

Im Oktober 1955 begann die Nullserien-Fertigung mit 148 Limousinen, zwölf Kombiwagen und zwei Cabriolets. Von diesen Fahrzeugen wurden einige zu Rallyeeinsätzen herangezogen, mussten also gleich im Härtetest bestehen, was sie im Wesentlichen auch taten. Ansonsten wurden die Fahrzeuge im näheren Umkreis des Werkes und der Stadt Eisenach verkauft, um jederzeit schnell auf eventuell auftretende Probleme reagieren zu können.
Tatsächlich konnten die Eisenacher den von der Politik vorgegebenen Termin für den Serienstart einhalten: Am 2. Januar 1956 begann offiziell die Fertigung des neuen »Wartburg« in den Ausführungen Limousine (Karosserie aus Eisenach), Cabriolet (Karosserie aus Dresden) und Kombi (Karosserie aus Halle) im gerade umbenannten »VEB Automobilwerk Eisenach«.

▲ *Seinen ersten Titelseitenauftritt in der Fachpresse der DDR hatte der Wartburg in der Dezemberausgabe 1955 der Kraftfahrzeugtechnik, auch hier mit Vorserienmodellen, die das EMW-Zeichen tragen.*

▲ *Zwei Vorserienmodelle, noch mit der Bezeichnung »EMW 311«, begegnen sich am Fuße der Wartburg*

▲ *Für das Markensymbol auf Motorhaube und Kofferraumklappe gab es zwei Entwürfe. Mit der Umbenennung des Werkes blieb nur noch das heute bekannte Logo übrig. Die Vorserienmodelle waren noch mit dem EMW-Zeichen bestückt worden. Das »VEB« kam erst Ende 1958 auf die Plaketten.*

◂ *Eines der ersten Verkaufsprospekte von 1956 zeigt die Serienausführung der zweifarbigen Limousine mit dem neuen Markensymbol.*

▸ *Der Wartburg 311 war Mitte der 1950er Jahre ein äußerst gelungenes Fahrzeug. Auf dem F 9 basierend hatte er die Ingolstädter F 9-Derivate deutlich überholt.*

Die Technik

Mit dem neuen Wartburg (zum dritten Mal in der Geschichte des Eisenacher Automobilbaus war ein Fahrzeug so benannt worden) hatten die Thüringer Automobilbauer ihre eigenen Vorgaben für einen verbesserten F 9 erfüllt: viertürig, mehr Platz im Innenraum, größerer Kofferraum und gute Rundumsicht. Der Preis für diese Verbesserungen war ein um etwa 120 kg höheres Gewicht des Fahrzeugs. Um nun die Fahrleistungen gegenüber dem F 9 nicht schlechter werden zu lassen, konnte die Motorleistung auf 37 PS gesteigert werden. Für eine gute Straßenlage des schwereren Wagens waren schräg angeordnete, doppeltwirkende Teleskopstoßdämpfer vorn und hinten montiert worden. Der um 100 mm verlängerte Rahmen ließ auch einen entsprechend längeren Radstand zu. Ansonsten blieb das Fahrgestell gegenüber dem F 9 im Wesentlichen unverändert. Es gab aber insgesamt noch zahlreiche kleinere Änderungen gegenüber dem F 9 und auch noch zwischen Vorserien- und Serienwagen, etwa die elektrische Anlage, das Armaturenbrett, die Beleuchtung, die Zierleisten, die Radkappen usw. betreffend.

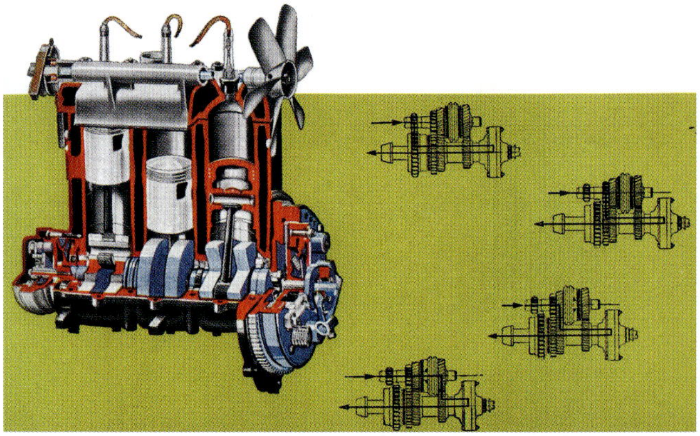

▲ *Die Leistung des Dreizylinder-Motors konnte auf 37 PS gesteigert werden, damit war der gegenüber dem F 9 schwerere Wagen 115 km/h schnell. Das Vierganggetriebe war ab 1958 vom 2.bis 4. Gang synchronisiert und mit einem abschaltbaren Freilauf ausgestattet.*

▲ *Im Bereich Lenker, Schaltung und Armaturenbrett hatte es gegenüber dem F 9 viele Änderungen gegeben.*

▲ *Eine Wartburg-Limousine aus der ersten Serie von 1956. Die Eisenacher Konstrukteure hatten ihr Pflichtenheft gewissenhaft abgearbeitet.*

◂ *Der Rahmen wurde im Vergleich zum F 9 um 100 mm verlängert, blieb aber ansonsten unverändert.*

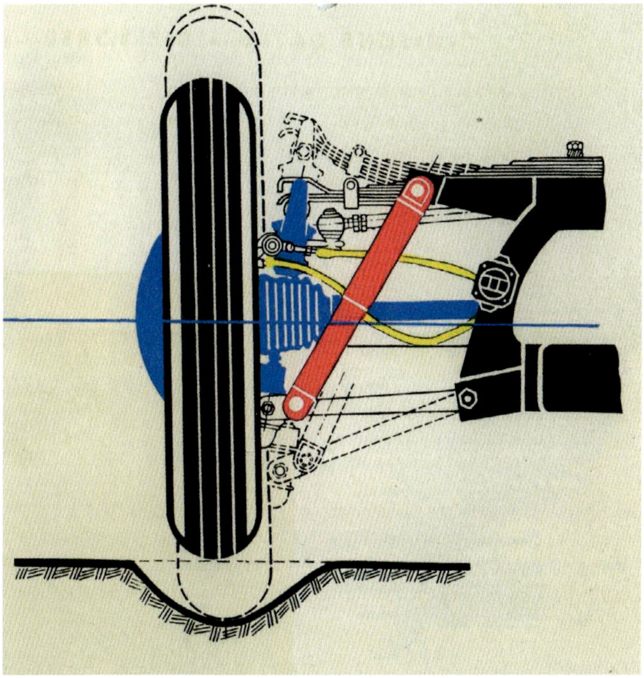

▲ *Die schräg angeordneten, doppeltwirkenden Stoßdämpfer sollten zur besseren Straßenlage beitragen.*

▲ *Obwohl sich seitens des Fahrgestells und des Antriebs gegenüber dem Vorgänger nicht so viel geändert hatte, war doch ein ganz anderes Fahrzeug entstanden.*

Die Euphorie im Sozialismus

Das Erscheinen des Wartburg 311 löste eine ungeheure Euphorie in der gesamten DDR aus. Die Bevölkerung staunte über den schicken Wagen, die große Politik sah sich auf ihrem Weg bestätigt und die Presse überschlug sich mit Titelseiten und Berichten. Übrigens nicht nur die im Osten. Auch die westliche Fachpresse berichtete (meist wohlwollend) über das neue Automobil aus der »Zone«. Und über die kurz zuvor erschienenen Zwickauer Automobile P 70 (und dessen einzigartiger Kunststoffhaut) und Sachsenring P 240 (in der Nachfolge der großen Horch-Wagen) mag mancher westdeutsche Zeitgenosse die Stirn gerunzelt haben. Sorgen machen musste sich dort aber niemand, die Hochphase des ostdeutschen Kraftfahrzeugbaus (1955/56 waren noch der erste Motorroller in Ludwigsfelde, das erste Moped, die Sport-Awo in Suhl und die neuen ES-Motorräder in Zschopau auf dem Markt erschienen) währte nur wenige Jahre.

▲ *Die Euphorie um den neuen Wartburg war in der DDR riesig. Noch im Dezember 1955 zeigte der Illustrierte Motorsport eine Titelseite mit dem 311er bei einer Rallye-Veranstaltung.*

▲ *Zu den im Osten aufkommenden Plattenbauten mochte der elegante Wartburg 311 nicht so recht passen.*

▸ *Als letzte der sich in der DDR mit Kraftfahrzeugen befassenden Zeitschriften zeigte Der Deutsche Straßenverkehr in seiner Januarausgabe 1956 den Wartburg.*

Varianten und Ausstattungen

LDS 06596

In der zweiten Hälfte der 1950er Jahre hatten die Fahrzeugbauer in der DDR – allen voran diejenigen in Eisenach – noch viel mehr Möglichkeiten, ihre Kreativität auszuleben, als das in späteren Jahren der Fall war. Die Rahmenbauweise und der Spaß aller Beteiligten (tatsächlich haten sich die Eisenacher Automobilbauer inzwischen mit ihrem neuen Modell angefreundet) machten es möglich, innerhalb kurzer Zeit nach der Einführung des Wartburg gleich fast ein Dutzend Karosserievarianten in Serie gehen zu lassen. Die Basiskonstruktion ermöglichte diverse wunderschöne Fahrzeuge einerseits und auch sehr praktische Modelle andererseits. Wobei das eine das andere nicht ausschloss. Nachfolgend werden die verschiedenen Wartburg-Modelle der ersten 311er-Baureihe in der Chronologie ihrer Serieneinführung vorgestellt (Limousine Standard, Cabriolet und Kombi kamen fast gleichzeitig auf den Markt).

▲ *Der 311er Wartburg konnte zu seiner Zeit auch als Limousine in allen Belangen westlichen Standards standhalten oder sie – zumindest anfangs – sogar übertreffen.*

Wartburg 311 Limousine Standard

Mit der internen Bezeichnung 311-0 war die Standard-Limousine natürlich das mit großem Abstand meistgebaute Wartburg-Modell. Die Karosserie entstand im Stammwerk Eisenach und war zunächst einfarbig lackiert, später kamen auch zweifarbige Varianten dazu. Die einfache Limousine war in erster Linie für den Inlandsbedarf gedacht, sofern der DDR-Bürger die gcforderten 14.700 Ostmark aufbringen konnte. Das war eine Menge Geld, bedenkt man, dass das Durchschnittseinkommen eines Arbeiters zu dieser Zeit kaum 500 Ostmark betrug. Wer sich also einen Wartburg leisten konnte, der hatte es zu etwas gebracht und zählte zur sozialistischen Oberschicht.

▲ *Dem Platzangebot entsprechend reihte sich der Wartburg damals in die automobile Mittelklasse ein.*

◂ *Zu Beginn der Serienproduktion war die Standardlimousine ausschließlich einfarbig lackiert.*

Wartburg 311 Kombi

Aus dem Karosseriewerk in Halle kam der Kombiaufbau mit links angeschlagener Hecktür und einem kunstlederbezogenen Dachmittelteil (wie bereits beim F 9, da noch keine Presse für ein so großes Blechteil zur Verfügung stand). Der Kombi mit der internen Bezeichnung 311-9 kostete 15.300 Ostmark. Anders als heute war der praktische Alleskönner weniger für den privaten Kunden gedacht, vielmehr diente er Handel und Handwerk zu Transportzwecken. Der variable Innenraum mit komplett umlegbaren Sitzen sollte aber durchaus auch interessierte Privatkunden in den Exportländern ansprechen. Ab Dezember 1958 konnte das Kombidach aus einem Blechteil gefertigt werden.

▲ *Rund zwei Quadratmeter Ladefläche waren schon beachtlich, die Gesamtnutzlast von 470 kg dagegen nicht so üppig.*

▲ *Der Wartburg Kombi war, anders als das heute üblich wäre, weniger für Privatpersonen als vielmehr für Handel und Handwerk gedacht.*

▲ *Für die Frühjahrsmesse in Leipzig gab Eisenach im März 1956 einen eigenständigen Wartburg-Kombi-Prospekt heraus.*

Wartburg 311 Cabriolet

Auch das Cabriolet mit der internen Bezeichnung 311-2 und dem im Karosseriewerk Dresden (vormals Gläser) gefertigten Aufbau gehörte zu den Serienmodellen der ersten Stunde. Und natürlich zu einem der schönsten Wartburg-Modelle überhaupt. Hier zeigte sich, was in der Kombination der schön gezeichneten Limousinen-Karosserie mit dem erfahrenen Team der Dresdner Karosserieschmiede, die seit Jahrzehnten für ihre schönen Cabrios bekannt war, auch im Sozialismus noch entstehen konnte. Zweifarbig, zweitürig, dick gepolstertes Stoffverdeck, schicke Ledersitze – das kannte man auch von früheren Luxusautomobilen. Und der Luxus hatte seinen Preis, jedenfalls in der DDR: 17.200 Ostmark hatten dort nur ganz wenige übrig. Im Bereich der begehrten Westmark war der Wagen mit 7.100 Mark dagegen fast ein Schnäppchen. Schon 1960 wurde die Fertigung des Cabrios eingestellt – aus Mangel an Nachfrage, wie es offiziell hieß.

▲ *Aus der Grundform des Wartburgs schneiderte der VEB Karosseriewerk Dresden dieses wunderschöne offene Fahrzeug. (Foto: © F. O. Bernstein)*

▲ *Machte auch mit geschlossenem Stoffverdeck eine gute Figur: Das Wartburg 311 Cabriolet, interne Bezeichnung 311-2.*

▲ *Das Cabriolet war unter anderem mit Ledersitzen und einem schönen Cockpit luxuriös ausgestattet und folgte damit der Tradition der Vorgängermodelle.*

Wartburg 311 Limousine Standard mit Schiebedach
Das Modell 311-8 (auch 311-008) ging am 1. Oktober 1956 in die Serienproduktion. Bei dem weit öffnenden Dach spannte sich eine Stoffbahn über den Holzrahmen (erst ab 1959 aus Stahl), der wegen Undichtigkeiten im Laufe der Zeit mehrere Änderungen erfuhr. Wie die Standard-Limousine war der Wagen anfangs nur einfarbig lackiert, später kamen auch zweifarbige Varianten dazu. Der Preis betrug 15.200 Ostmark.

▲ *Das weit öffnende Schiebedach ersetzte auch die Cabrio-Limousinenform, die es noch beim F 9 in wenigen Exemplaren gegeben hatte.*

▲ *Bis 1959 war der Rahmen für das Wartburg-Schiebedach aus Holz und sorgte für reichlich Ärger wegen Undichtigkeiten.*

Wartburg 311 Schnelllieferwagen (Pick Up)
Gleichzeitig mit der Schiebedach-Limousine kam auch der Pick Up ins Eisenacher Lieferprogramm, allerdings fast ausschließlich für den Export bestimmt und in sehr geringen Stückzahlen. Vor allem nach Südamerika gingen viele der bis 1958 gebauten über 100 Exemplare. Der Pick Up wurde im Karosseriewerk Halle hergestellt und musste sich dort ständigen Änderungen unterziehen. Anfangs war es mehr oder weniger nur ein Kombi ohne Dach mit seitlich öffnender Heckklappe. Im September 1958 wurde die Fertigung dieses Baumusters (311-7) zunächst eingestellt. 1960 kam dann mit dem Modell 311-701 ein in Eisenach billiger zu fertigender Pick Up mit einem einfachen Kastenheck aus Blech wieder ins Programm. Von dieser Variante entstanden bis 1965 noch 4500 Exemplare! Alle Pick Ups wurden immer mit einer Abdeckplane ausgeliefert.

▲ *Bis 1958 wurde der sehr aufwändige und dadurch teure Pick Up im Karosseriewerk Halle aus der Kombikarosserie gebaut.*

▲ *Ab 1960 wurden die Schnelllieferwagen mit einfachem Kastenheck in Eisenach gebaut.*

Wartburg 311 Limousine »de Luxe«

Auf der Leipziger Frühjahrsmesse 1957 erstmals vorgestellt, wurde der Luxus-Wartburg (311-1) schnell zum Exportschlager. Zweifarb-Lackierungen, oben vorgewölbte Scheinwerferringe, seitliche Zierleisten, eine Auspuffkralle und polierte Aluradkappen waren die äußeren Unterschiede zur Standard-Limousine. Innen waren es zweifarbige, mit Wollstoff und Kunstleder bezogene, einstellbare Sitze, Zierrahmen an den Türinnenverkleidungen, Armlehnen, Veloursteppiche und ein schöneres Armaturenbrett mit Zigarrenanzünder. Das Ganze hatte seinen Preis: Mit 16.400 Ostmark lag die de Luxe-Variante 1.700 Ostmark über der Standard-Ausführung.

▲ *Am Ende jeder Luxuslimousine ragte die Auspuffkralle unter dem wagen hervor.*

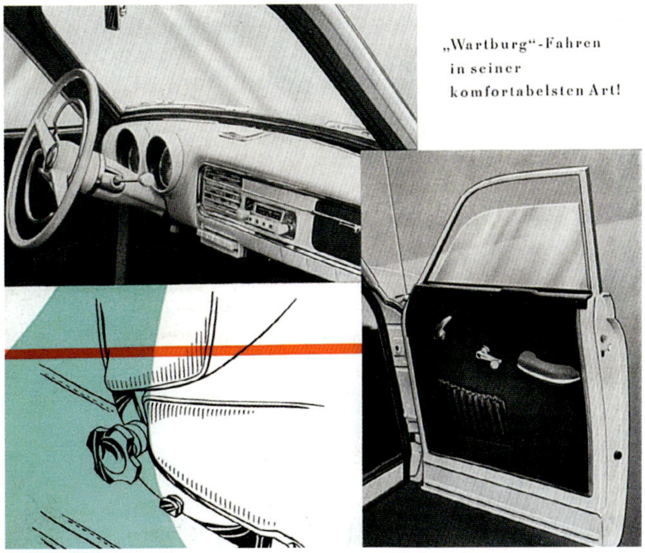

▲ *In den 16.400 Ostmark für den Wartburg de Luxe war der »Drucktasten-Autosuper« noch nicht enthalten.*

▲ *Unter anderem mit schicken, durch Zierleisten getrennte, Zweifarblackierungen und einer gediegenen Innenausstattung sollte die de Luxe-Limousine vor allem Exportkunden ködern. (Foto: © F. O. Bernstein)*

Wartburg 311 Limousine »de Luxe« mit Schiebedach

Noch einmal 400 Ostmark mehr, nämlich 16.800 musste bezahlen, wer die Luxus-Limousine mit Schiebedach haben wollte, die ebenfalls im Frühjahr 1957 vorgestellt worden war. Als Wartburg 311-108 spielte dieses Modell vor allem im Export eine Rolle. Für DDR-Normalbürger war ein solches Fahrzeug purer Luxus und unerreichbar.

An dieser Stelle muss noch erwähnt werden, dass es auch eine Rechtslenker-Limousine mit der internen Bezeichnung 311-6 gab, die natürlich ausschließlich für den Export bestimmt war und hier nicht gesondert vorgestellt werden muss.

▲ *Der Wartburg de Luxe mit Schiebedach (hier in der Exportversion für die USA mit geänderten Stoßstangen) war eine in den ersten Jahren eher seltene Erscheinung.*

Wartburg 311 Coupé

Das galt in gleichem Maße für die Coupé-Ausführung, deren Karosserie in Meerane gefertigt wurde. 16.700 Ostmark für den Typ 311-3 waren kein Pappenstiel, weshalb nur wenige Coupés im Inland blieben. Nun gab es also doch noch einen Zweitürer mit Panoramascheibe (anfangs durchgängig und aus dem Westen importiert, später dreigeteilt aus DDR-Fertigung) im Wartburg-Programm. An der Seite waren die Scheiben samt Rahmen versenkbar. Die gediegene Innenausstattung mit dem Armaturenbrett der de Luxe-Ausführung wies zwei Fondsitze auf, die sich zusammen mit den Vordersitzen zu einer Ebene als Liegefläche umklappen ließen. Nach 1960 wurde die Fertigung des Coupéaufbaus ins Karosseriewerk Dresden verlegt.

▲ *Im Karosseriewerk Meerane wurde das Wartburg-Coupé montiert, das sich im Gegensatz zu vielen anderen sportlichen Modellen als echter Reisewagen mit viel Platz zeigte.*

▲ *Das schicke, durchaus familientaugliche Coupé kostete in der DDR 16.700 Mark – wer sich das leisten konnte, gehörte zur sozialistischen Oberschicht.*

Wartburg 311 Einsatzwagen

Als Wartburg 311-4 gab es in der Nachfolge des offenen F 9 wieder einen Polizei-Einsatzwagen, der in den Folgejahren auch von anderen »bewaffneten Organen« und sogar von der Forstwirtschaft eingesetzt wurde. An Privatpersonen durfte der Kübelwagen grundsätzlich nicht abgegeben werden, auch nicht für Exportzwecke. Obwohl schon 1957 auf der Leipziger Frühjahrsmesse vorgestellt, begann die bescheidene Serienproduktion erst im Oktober 1959. Der offene Aufbau, in den sich vier Türen einhängen ließen und über den sich ein einfaches Verdeck bis zu den ausstellbaren Fenstern spannte, entstand im Karosseriewerk Dresden, vormals Gläser. Knapp 900 Exemplare entstanden von dem bis 1961 gebauten Wagen.

▲ *Polizei-Einsatzwagen in der ersten Ausführung sind heute rar, ein Exemplar steht im Automobilmuseum in Eisenach. (Foto: Max schwalbe © CC-BY-SA-3.0)*

Wartburg 311 Camping-Limousine

Das wohl pfiffigste Modell, das die Eisenacher je auf die Räder gestellt hatten, war der Wartburg 311-5. Eine Mischung aus Limousine und Kombi, mit hinten rundgezogenen Heckscheiben, die zu einem großen Schiebedach führten (spätere Ersatzkarosserien mussten ohne Öffnung auskommen). Dazu eine hochwertige Ausstattung mit Sitzen, die zu einer großen, ebenen Bettfläche umgelegt werden konnten. Schicke, von Zierleisten eingefasste Zweifarblackierungen und polierte Radkappen rundeten das äußere Erscheinungsbild ab. Mit 16.300 Ostmark war die Camping-Limousine, deren Aufbau aus dem Karosseriewerk Dresden kam, im Vergleich mit Coupé und Schiebedach-de Luxe-Limousine erstaunlich preiswert. Der 311-5 gehört in der ostdeutschen Oldtimerszene seit vielen Jahren zu einem der beliebtesten – und teuersten – Fahrzeuge.

▲ *Die Camping-Limousine war ein außergewöhnliches und einmaliges Modell, das im internationalen Automobilbau seinesgleichen suchte.*

▸ *Eine Wartburg 311 (1000) Camping-Limousine 1964 in der Altstadt von Budapest.*

▲ *Der im Karosseriewerk Dresden gefertigte Wartburg 311-5 gehört heute zu den gesuchtesten DDR-Oldtimern.*

Wartburg Sport-Roadster 313/1

Manche halten ihn wohl noch heute für eine Legende, aber es gab ihn wirklich, den Wartburg Sport mit 50 PS. Und das seit 1957. Hans Fleischer, der geniale Schöpfer aller Wartburg-Karosserien hatte auch diesen Sport-Zweisitzer entworfen, den manche in der DDR gern als sozialistische Antwort auf den Mercedes Benz SL gesehen hätten, der aber bestenfalls dem DKW 1000 Sp Konkurrenz machen konnte. Mit der völlig eigenständigen Innenraumgestaltung, von Lenker und Armaturenbrett bis zu den Sitzen und Türverkleidungen (alles in Vollleder) und der geänderten Karosserieform mit langer Motorhaube, durchgehenden Stoßstangen und neuem Kühlerziergitter hob sich dieser Wartburg deutlich von allen bisherigen Modellen ab. Dazu kam wahlweise ein Hardtop-Dach aus Aluminium oder ein einfaches Stoffverdeck. Letzteres war eher selten zu sehen; mit dem festen Dach sah der Wagen sowieso schicker aus und irgendwie auch schneller. Das passte zu den 50 PS, die mittels Zweivergaseranlage und höherer Verdichtung aus dem 900-ccm-Zweitakter geholt werden konnten und für maxi-

▲ *Das seltenste und spektakulärste aller frühen Wartburg-Modelle war zweifellos der Sport-Roadster 313/1, hier mit einem Hardtop-Dach. (Foto: © F. O. Bernstein)*

mal 140 km/h reichten. Der 313er war das bis dato teuerste Automobil aus DDR-Produktion: 19.800 Ostmark musste hinblättern, wer einen der nur 469, zwischen 1957 und 1959 gebauten Wartburg-Roadster, der offiziell gerne auch als »Sportwagen-Coupé« bezeichnet wurde, haben wollte.

▲ *Nicht nur Lenker und Armaturenbrett wichen beim Sportwagen deutlich von den übrigen Wartburg-Modellen ab.*

▲ *Der Wartburg 313/1 mit Kölner Kennzeichen. Im Westen kostete der Wagen 8500 DM West – das war weniger als die Hälfte des DDR-Preises!*

Wartburg 311-300 HT

Nachdem es fast fünf Jahre lang kein Wartburg-Cabriolet mehr gegeben hatte, stellten die Eisenacher auf der Leipziger Frühjahrsmesse 1965 überraschenderweise ein neues Hardtop-Coupé vom Karosseriewerk Dresden vor. Bei abgenommenem Dach aus GfK (auch die Motorhaube war aus Kunststoff – Duroplast – gefertigt) konnte ein Stoffnotdach (gegen Aufpreis) einigermaßen gegen die Wetterunbilden schützen. Ein großer, eckiger und chromgerahmter Kühlergrill hob sich ebenso von den anderen Wartburgmodellen ab wie die etwas höhergezogene Kofferraumklappe. Ein neues Armaturenbrett war mit Kunstleder bezogen. Der 311-300 HT ersetzte das bisherige Coupé 311-3, wurde aber nur noch in wenigen Exemplaren gebaut, denn der Modellwechsel zum 312er stand noch für 1965 ins Haus.

▲ *Als letzte Schöpfung der 311er Reihe erschien im Frühjahr 1965 der Wartburg 311-300 HT, der das bis dahin gebaute Coupé ersetzte und natürlich auch offen gefahren werden konnte.*

Zwei interessante Prototypen

Einmal richtig in Schwung gekommen, entstanden im Zeichenbüro unter der Leitung von Hans Fleischer noch zwei Karosserievarianten, die es leider nur bis zum Prototypenstadium schafften. Da war einmal der »Bellevue« genannte 311er, mit einer Karosserieform, die in den frühen Zeiten des Automobils als »Landaulet« sehr geläufig war. Das im Karosseriewerk Halle in zwei Exemplaren entstandene Fahrzeug war hinter der B-Säule offen und der vordere Teil des Daches bestand aus durchsichtigem Kunststoff. Ein Cabrioverdeck konnte den hinteren Teil bis zur B-Säule schließen. Der Wagen wurde auf Ausstellungen gezeigt und erregte großes Aufsehen, ob er ein Verkaufsschlager geworden wäre - wer weiß.

▲ *Der wäre auch in die Geschichte des Automobilbaus eingegangen! Den Wartburg »Bellevue« gab es aber leider nur in zwei Prototypen.*

▲ *Es war eine Studie, nichts mehr und nichts weniger: Der Warburg 311 Kombi mit Schiebetüren, die über beide Sitzreihen ragten.*

Ein weiteres Modell, das eher in den Bereich experimentelle Studie fiel, war ein Kombi mit langen (und schweren) Schiebetüren, die gleichzeitig vordere und hintere Sitzreihe zum Einstieg freigaben. Über ein Versuchsmuster kam der Wagen nicht hinaus.

◂ *Auf dem Genfer Autosalon 1958 zeigte das Eisenacher Automobilwerk neben dem Roadster auch ein Coupé und die de Luxe-Limousine.*

Modellpflege

BA 08 64

Von Beginn der Serienproduktion des Wartburg 311 an gab es zahlreiche konstruktive Änderungen, die alle wiederzugeben für diese Dokumentation schlicht unmöglich und auch nicht notwendig ist. Alle wichtigen und für die heutige Zeit (mit dem Wartburg als Oldtimer) noch relevanten Verbesserungen und Weiterentwicklungen sollen aber nachfolgend aufgeführt werden.

1957

- Im Sommer 1957 kam eine neue Lichtmaschine (180 W statt bisher 130 W) zum Einsatz, die auch einen neuen Regler bedingte, der jetzt nicht mehr direkt an der Lichtmaschine, sondern am Motorseitenschutz angebracht war. Die Nachrüstung war möglich. Ab Ende September 1961 wurden erneut eine neue Lichtmaschine (220 W) und ein neuer Regler verbaut.

1958

- Ab Februar 1958 kam ein neues Getriebe mit den synchronisierten Gängen 2-4 zum Einsatz, der das Fahren bzw. Schalten ohne Zwischenkuppeln in diesen Gängen wesentlich erleichterte. Das Synchrongetriebe konnte nachgerüstet werden.
- Nicht nachrüstbar war dagegen die ab Mitte Oktober 1958 eingeführte Bremsanlage mit 920 Quadratzentimeter Gesamtbremsfläche (vorn Duplex-, hinten Simplex-Bremsen). Die neuen Bremsen bedingten eine 12 mm breitere Radlagerung und neue, breitere Bremstrommeln.
- Technisch war es nur ein kleiner Schritt, die Optik des Wartburgs veränderte sich aber nachhaltig: Ab dem 1. Dezember 1958 entfiel das bisherige Kühlluftziergitter und wurde durch das vom Wartburg Sport 313 her bekannte Gitter - mit geringfügigen Modifikationen - ersetzt. Der Wartburg bekam ein neues Gesicht, was unter anderem zur Folge hatte, dass alle Verkaufsunterlagen, insbesondere die Prospekte, neu zusammengestellt und gedruckt werden mussten. Alte und neue Ziergitter konnten gegeneinander ausgetauscht werden.

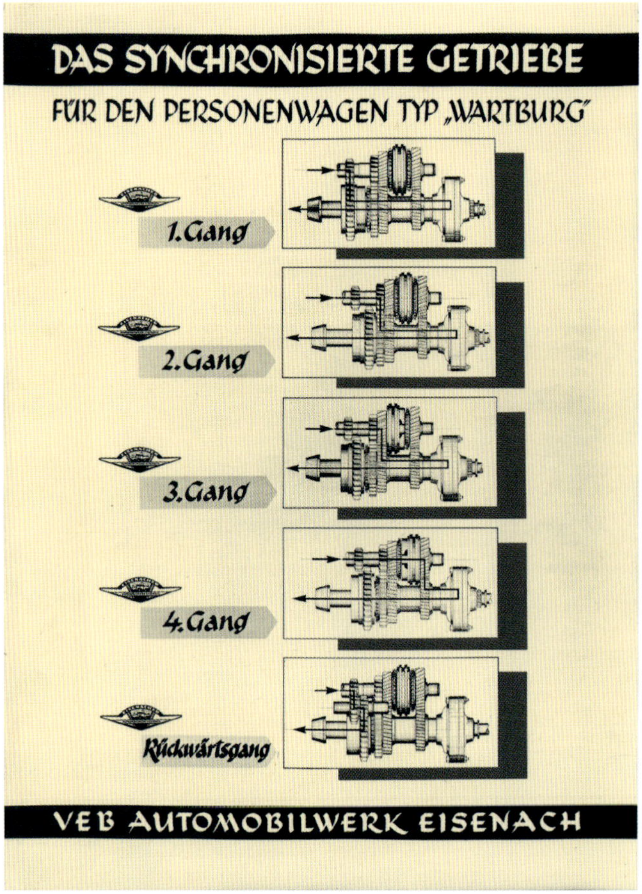

▲ *Ab Februar 1958 erhielt der Wartburg eine neues, synchronisiertes Getriebe.*

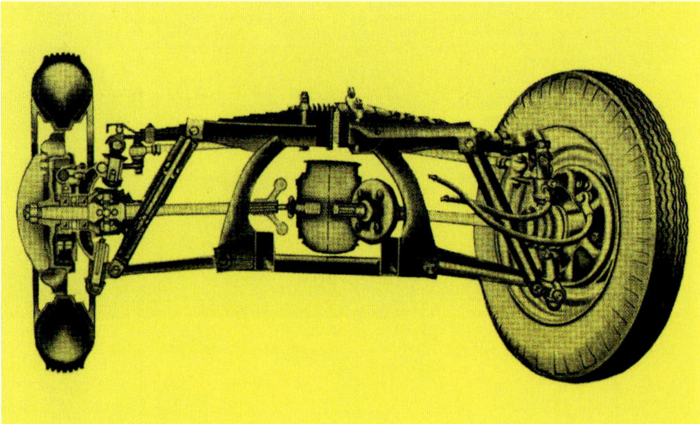

▲ *Ab Mitte Oktober 1958 kam eine neue Bremsanlage mit neuen Bremstrommeln und neuer Radlagerung zum Einsatz.*

◂ *Zum Jahreswechsel 1958/59 erhielten alle Wartburg-Modelle die vom 313er entlehnten Kühler-Ziergitter. Im Bild die Camping-Limousine und das Cabriolet.*

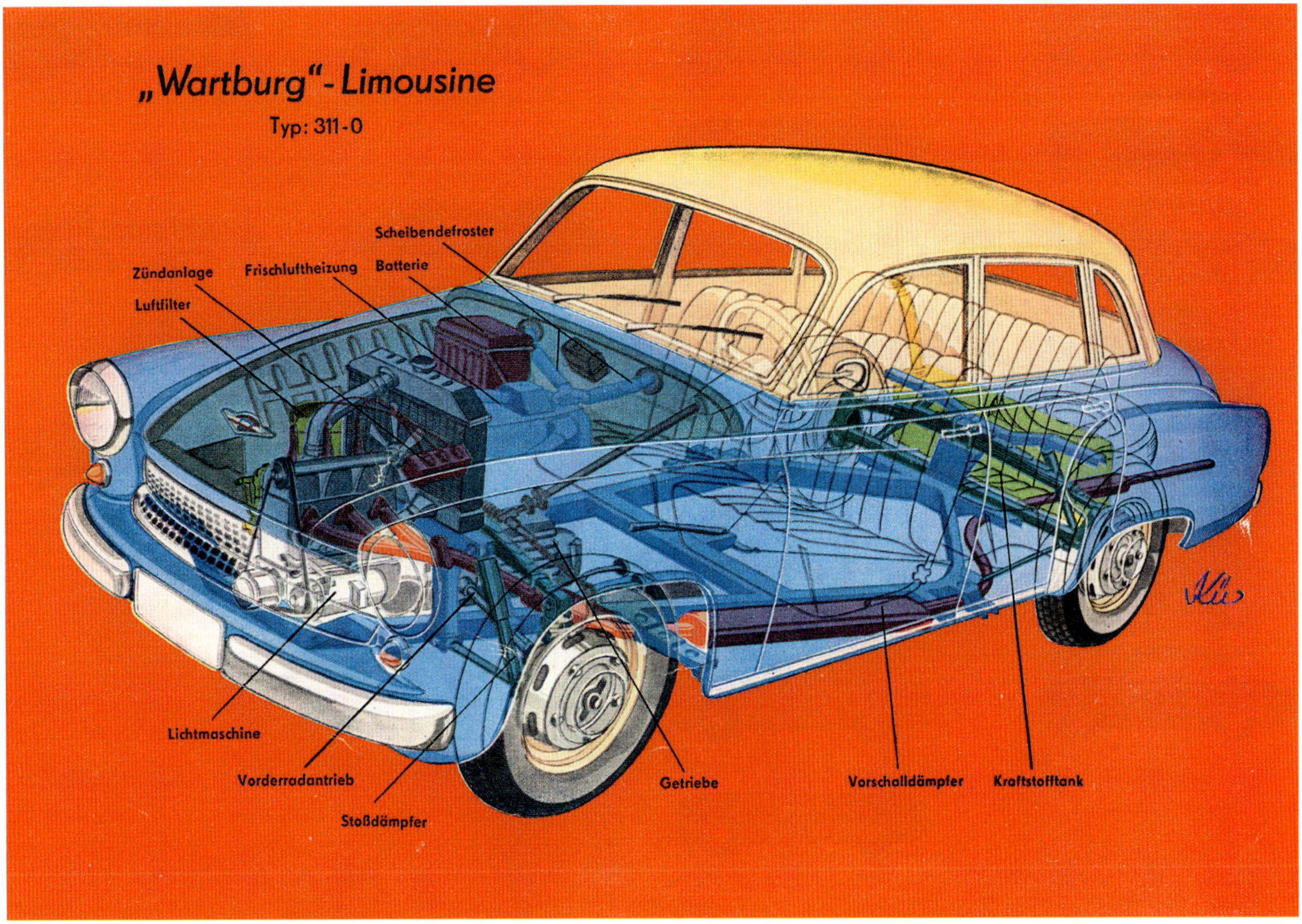

▲ *Die Wartburg-Limousine 311-0, Jahrgang 1960, als Röntgenzeichnung.*

1959

- Im März und September 1959 wurden die Ziergitter noch einmal leicht überarbeitet und die de Luxe-Limousine erhielt eine neue Zierleistenführung.
- Im Sommer 1959 wurde ein neuer, rollengeschweißter Kraftstofftank eingeführt, was mit einer Verstärkung der Heckbodenpartie einherging. Im Februar 1961 vergrößerte sich das Tankvolumen von 40 auf 44 Liter.

▲ *So bunt ging es nie wieder im Fahrzeugbau der DDR zu: Das Wartburg-Farbprogramm des Modelljahres 1959.*

- Eine neue Parallel-Scheibenwischeranlage und die Parklichtschaltung wurden im September 1959 eingeführt, das asymmetrische Abblendlicht kam im Dezember des gleichen Jahres dazu.

▲ *Ob mit oder ohne Schiebedach: nach dem neuen Kühlergrill erhielten die de Luxe-Limousinen im März 1959 auch eine neue Zierleisten-Linie.*

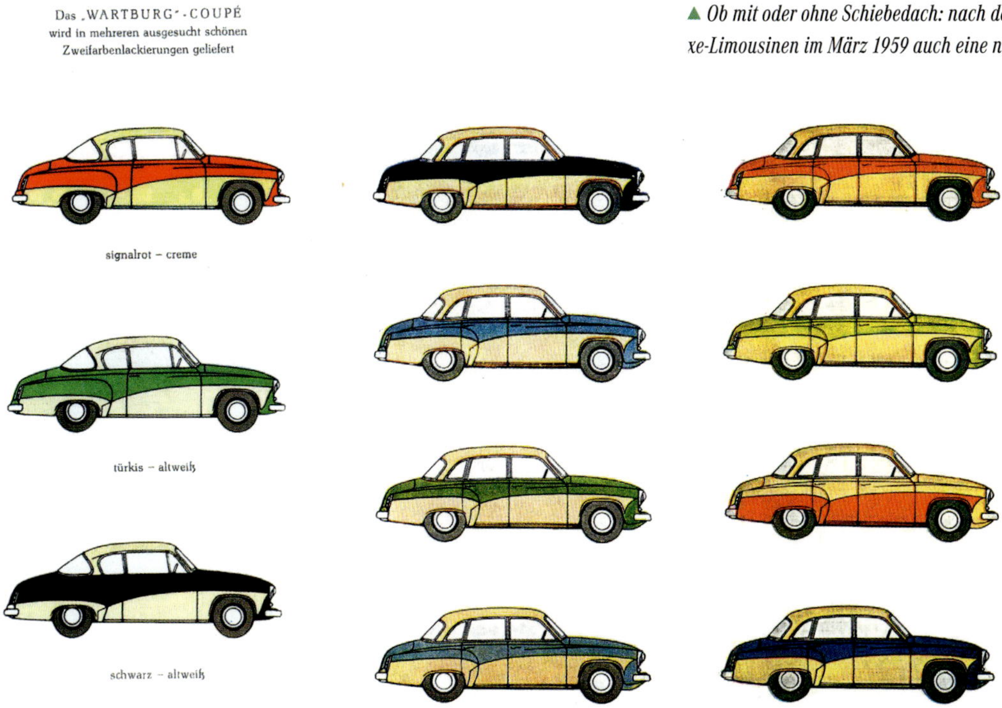

1960

- Im April 1960 wurde ein Kofferraum-Klappenschloss eingeführt und die Haubenscharniere samt Halterung überarbeitet. Ein neuer Luftfilter verringerte das Ansauggeräusch und die verbesserte Zahnstangenlenkung erhöhte den Fahrkomfort. Außerdem gab es noch ein Tankdeckelschloss mit neuer Klappe und abgefedertem Deckel.
- Die Außenansicht des Wartburgs veränderte sich im Dezember 1960 erneut. Zum einen weil nun der Einbau des DDR-Einheitsscheinwerfers begann; mit 170 mm Durchmesser Lichtaustrittsfläche sollte die Fahrbahn besser ausgeleuchtet, Montage und Einstellung erleichtert werden. Die Scheinwerfer waren im Paar gegen ihre Vorgänger austauschbar. Zum anderen weil der Wartburg vorn und hinten neue Stoßstangen erhielt. Vorn mit einem Mittelteil, hinten mit einem Bügel, der auch die Kennzeichenbeleuchtung aufnahm. Die Stoßstangen waren ebenfalls ohne weiteres gegen die vorherigen Teile austauschbar. Camping und Coupé erhielten eine neue Zierleistenführung.

▸ *Die Camping-Limousine noch mit der alten Zierleistenführung, am 8. März 1960 zum Internationalen Fauentag.*

▾ *Das Wartburg Coupé, schon mit der neuen Linienführung ab September 1960, aber noch mit den alten Scheinwerfern und Stoßstangen.*

1961

- Die schöne bunte Haubenplakette musste ab Februar 1961 einem einfachen, schwarz-weißen Emblem weichen.
- Ab Ende April 1961 erhöhte sich die Leistung des Motors auf 40 PS. Eine deutliche Anhebung der Verdichtung von 6,7 auf 7,4 machte dies möglich.
- Ab November 1961 änderte sich die Farbabstufung der Heckleuchte von Gelb-Weiß-Rot in Gelb-Weiß-Gelb.

▲ *Ab Februar 1961 ersetzte eine einfachere, schwarz-weiße Haubenplakette das vorher bunte Emblem.*

▲ *Alles neu: Stoßstange, Rückleuchten (ab 1963), Haubenscharniere, Tankdeckel und Zierleisten an einer de Luxe-Limousine.*

1962

■ Ab dem 2. Januar 1962 war der Wartburg 311 eigentlich Geschichte. Denn ab diesem Datum kam der neue Dreizylinder-Zweitaktmotor mit 992 ccm in allen Wartburg-Modellen zum Einsatz. Das jetzt 45 PS leistende Triebwerk war vielfältig überarbeitet worden und ging unter anderem einher mit dem Wegfall der Zentralschmierung und der Erhöhung des Wartungszyklus auf 5000 km. Im Innenraum gab es eine neue Schalterkombination mit Lichthupe und das Lenkrad des 313 wurde zum Standard in allen Fahrzeugen. Die Ausstattung der Innenräume wurde aufgewertet und der Wartburg rückwirkend (außer Coupé) für fünf Personen zugelassen. Solcherart überarbeitet ging der neue Wartburg zunächst als Typ 312 an den Start, wurde aber später in Wartburg 311-1000 oder einfach nur Wartburg 1000 umbenannt.

▲ *Zunächst nannte man den 1000er intern »312«, kam davon aber schnell wieder ab und es blieb bei der »1000«.*

▲ *Der fast 1000 ccm große Zweitaktmotor mit jetzt 45 PS gab dem »neuen« Wartburg seinen Namen.*

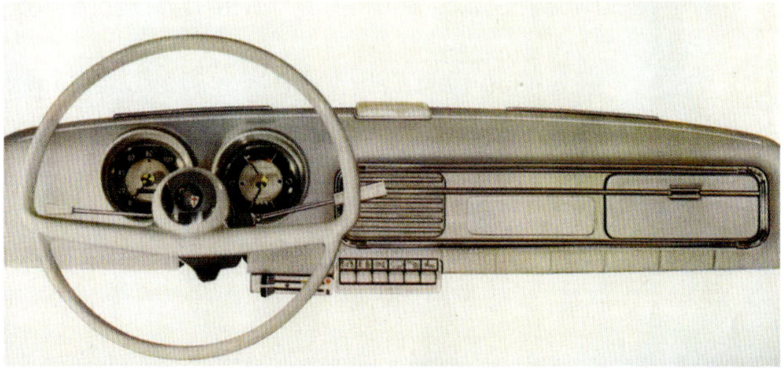

▲ *Lenker und Armaturentafel des Modelljahrgangs 1964.*

▲ *Rückwirkend wurde der Wartburg (außer Coupé) für fünf Personen zugelassen.*

1963

- Für 1963 führte Eisenach komplett neue Bremsschlussleuchten ein, in die auch ein Rückfahrscheinwerfer integriert war.
- Neben den neuen Rückleuchten gab es ab Januar 1963 auch neue Sonnenblenden, eine Scheibenwaschanlage und neue, bequemere Rückenlehnen für Fahrer- und Beifahrersitz. Diese gingen wiederum einher mit den erstmals angebrachten Haltepunkten für Sicherheitsgurte an jetzt verstärkten Türmittelsäulen, Karosserielängsträger und Bodenwanne. Die »Doblina-Sicherheitsgurte« lieferte der VEB Döbelner Beschläge- und Metallwerke – wenn er denn lieferte!
- Ab 15. August 1963 erhielt der gesamte Antriebsblock samt Auspuffanlage eine elastische Aufhängung, was die Laufruhe verbesserte und die Innengeräusche weiter reduzierte.
- Im November 1963 änderte sich die Form der hinteren Kotflügel.
- Ein neuer Tachometer mit Fahrbereichsmarkierung, Tageskilometerzähler und Fernthermometer kam ab 18. Dezember 1963 zum Einsatz.

Die Scheibenwaschanlage gewährleistet auch bei nasser Straße stets einwandfreie Sicht.

Nicht nur dem Ausstattungskomfort, sondern vor allem der Sicherheit dienen die gepolsterten Sonnenblenden.

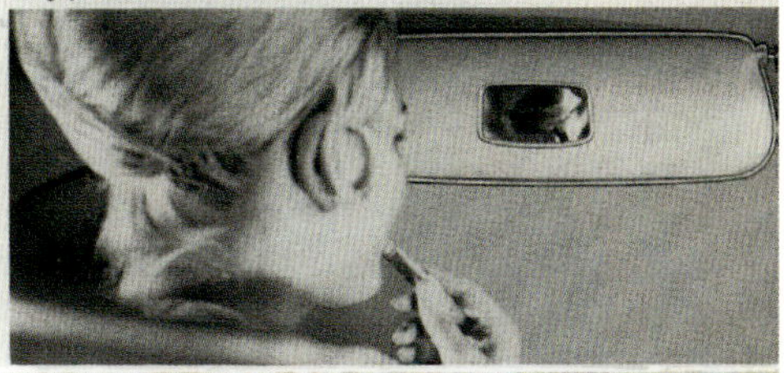

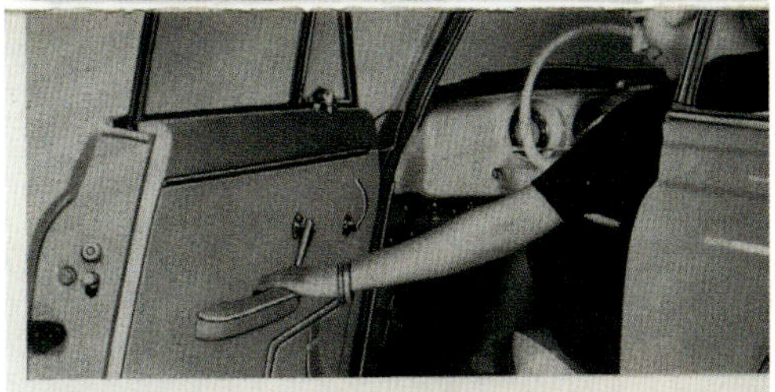

Armlehnen, gleichzeitig als Türzuggriffe und Haltegriffe dienend, erleichtern lange Fahrten.

Die beliebig einstellbaren Liegesitzbeschläge tragen zur wohltuenden Bequemlichkeit bei.

◂ *Einige Modellpflegemaßnahmen des Jahres 1963 auf einen Blick.*

▲ *Wartburg-Idylle: Eine Standardlimousine von 1963 mit den neuen Bremsschlussleuchten.*

▸ *Nach dem Importstopp der einteiligen Heckscheibe für das Wartburg-Coupé, war aus der Inlandsfertigung nur noch eine dreiteilige Variante möglich.*

1964

- Ab Ende August 1964 wurde das gute alte Stoffschiebedach durch ein kleineres Stahlschiebedach ersetzt und wenige Tage später erfolgte die schrittweise Überarbeitung der Lenkradschaltung bis zu dem Stand, der dann auch beim Wartburg 353 zum Einsatz kam.
- Der Kombi wurde 1964 in die Modelle »Standard« und »de Luxe« geteilt, beide erhielten ein neues Heck mit nach oben öffnender Tür.

LIMOUSINE	LIMOUSINE DE LUXE	COUPÉ	KOMBI-LIMOUSINE DE LUXE	KOMBIWAGEN STANDARD
ZWEIFARBIG	ZWEIFACH ABGESETZT	ZWEIFARBIG	ZWEIFARBIG	ZWEIFARBIG
koralle grauweiß champagnergelb grauweiß mittelblau grauweiß perlgrau grauweiß schwarz grauweiß anthrazit grauweiß	koralle grauweiß champagnergelb grauweiß perlgrau grauweiß schwarz (einfarbig) mittelblau grauweiß anthrazit (einfarbig)	koralle grauweiß champagnergelb grauweiß mittelblau grauweiß perlgrau grauweiß schwarz grauweiß anthrazit grauweiß	champagnergelb grauweiß mittelblau grauweiß perlgrau grauweiß	champagnergelb grauweiß perlgrau grauweiß mittelblau grauweiß

▲ ▸ *Das Farbprogramm 1964. Die Camping-Limousine war kurzzeitig aus dem Programm genommen worden und sollte durch den Luxus-Kombi ersetzt werden.*

◂ *Mit dem wesentlich kleineren, dafür aber dichten und einbruchsicheren Stahlschiebedach folgten die Eisenacher Automobilbauer internationalen Trends.*

▴ *Ende 1964 lieferte das Karosseriewerk Halle den Kombi mit einer neuen Heckpartie und nach oben zu öffnender Tür.*

▴ *Ein Luxus-Kombi, unter anderem mit Liegesitzen und einer Zweifarblackierung, die über Motorhaube und Kofferraumklappe lief, sollte die Camping-Limousine ersetzen.*

1965

- Ab Januar 1965 wurden am Wartburg 1000, vor allem an der Karosserie, zahlreiche Änderungen vorgenommen, die schon auf die Einführung des neuen Fahrwerks (312) ab September 1965 abzielten (siehe nächstes Kapitel).

▴ *Ein Tausender 1964 in Split, der zweitgrößten Stadt Kroatiens, das damals noch zum Vielvölkerstaat Jugoslawien gehörte.*

Wartburg 312 – der »Zwitter«

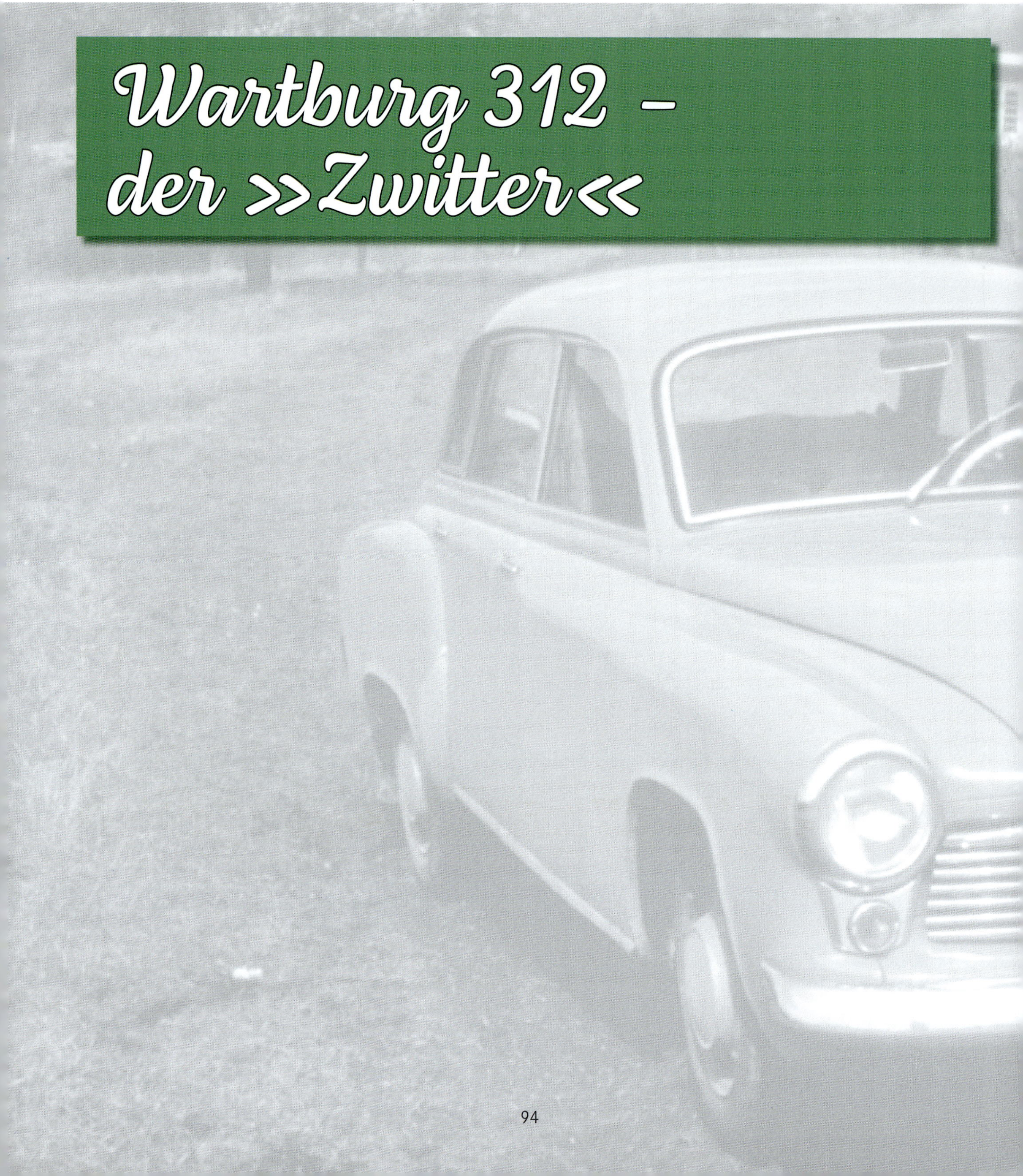

CN·00·57

Gemessen an späteren Entwicklungsschritten im DDR-Fahrzeugbau war der Wartburg 311 zu Beginn der 1960er Jahre ja eher noch ein recht junges Produkt. Im internationalen Vergleich freilich gerieten der Zweitaktmotor und die runde Karosserieform recht schnell ins Hintertreffen. Viertakter und Trapezform waren angesagt. Für den potentiellen Interessenten in der DDR, für den ein Wartburg immer noch ein absolutes Luxusgut war, das sich nur wenige leisten konnten, spielten globale Entwicklungen im Automobilbau zu dieser Zeit noch kaum eine Rolle. Für die DDR-Automobilbauer selbst aber schon; die waren immer noch motiviert genug, sich am Weltstand zu messen und Autos zu bauen, die im internationalen Wettbewerb bestehen konnten. Versuche dazu hatte es bereits gegeben, wie im Kapitel »Vergebene Chancen« nachgelesen werden kann. Aber was interessierte es die Planwirtschaftler, was Bevölkerung oder Automobilkonstrukteure wollten? Nach dem 17. Juni 1953 hieß es offiziell, man werde den Westen wirtschaftlich bald überholen, danach war vom »Überholen ohne Einzuholen« die Rede und nach dem Mauerbau am 13. August 1961 waren all diese Sprüche sowieso Schnee von gestern.

Verschleiß und Verlust

Doch es gab Zwänge, denen sich schließlich auch die Betonköpfe unter den Wirtschaftsbossen nicht entziehen konnten. Die Werkzeuge, insbesondere die zum Pressen der Karosserieteile, verschlissen mehr und mehr, was zum einen zur Folge hatte, dass dringend nötige Produktionssteigerungen nicht mehr ohne weiteres möglich waren. Zum anderen ließ die Qualität spürbar nach, was im Juni 1964 zum Entzug des Gütezeichen 1 für den Wartburg führte, zu dieser Zeit noch ein wichtiges Aushängeschild für DDR-Produkte.

Grünes Licht für die Weiterentwicklung

Nun musste also gehandelt werden und am 15. Juli 1964 gab es vom ZK der SED grünes Licht für die weitere Entwicklung hin zum Typ 353. Selbstverständlich unter der Prämisse der Beibehaltung des Dreizylinder-Zweitaktmotors und des Karosserieaufbaus auf einem Rahmen. Und das wurde für die nächsten 25 Jahre in Zement gegossen!

Nun ging es in Eisenach also zur Sache und die Thüringer Automobilbauer sahen sich gleichzeitig mit zwei Aufgaben konfrontiert. Erstens musste der neue Wartburg entwickelt und serienreif gemacht werden und zweitens durfte sich seine Einführung nicht auf die Produktionszahlen auswirken. Das konn-

▲ *Ein neues Eisenacher Prospekt von 1965 stellte den Wartburg mit neuem Fahrwerk vor.*

te nur durch eine stufenweise Einführung der wesentlichen Neuerungen gewährleistet werden, an deren Ende die neue Karosserie stehen sollte, die dann das wirklich neue Auto auch äußerlich kenntlich machen würde.

Das Übergangsmodell

Als Übergang musste die alte Karosserie auf dem neuen Chassis sitzen. Das daraus resultierende Fahrzeug erhielt schon vorab die Typenbezeichnung 312/1.

Die ab 15. September 1964 eingeführte neue Lenksäule inklusive Schaltung und der einen Monat später folgende neue Tacho waren erste Schritte hin zu einem neuen Wartburg. Ab Januar 1965 war die 311er Karosserie so umgestaltet (jetzt also Karosserie 312/1), dass sie auf das neue Fahrgestell gesetzt werden konnte. Da dieses aber noch nicht serienfertig war (zwei Versuchsfahrzeuge waren bereits 1964 aufgebaut worden), mussten Anpassungsbleche eingeschweißt werden, damit die »neue« Karosserie auch weiterhin auf das alte Fahrgestell passte. Kurz vor der Serieneinführung des 312 wurde noch der Kühlkreislauf für den Motor geändert. Dafür war ein neuer Zylinderkopf eingeführt worden, in den eine Wasserpumpe zusammen mit dem Lüfterantrieb integriert wurde. Eine Verbesserung der Motorkühlung war notwendig, da auch beim neuen Wartburg konstruktionsbedingt der Lüfter (der auch noch verstärkt wurde) hinter dem Motor sitzen musste.

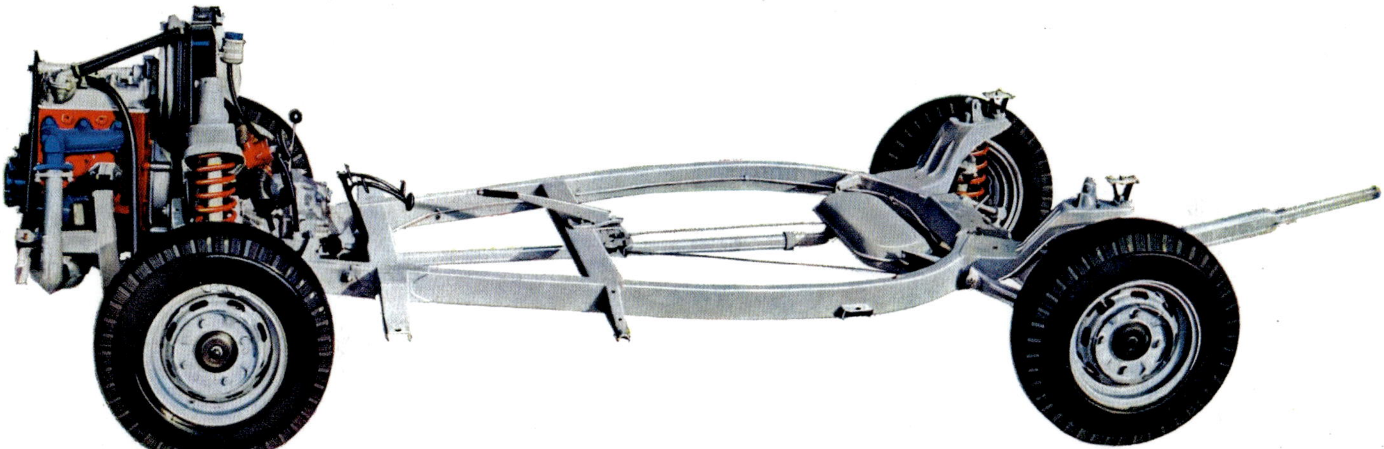

▲ *Kernstück des neuen Wartburg-Fahrwerks war die Umstellung von Querblattfedern auf moderne Schraubenfedern.*

Ein neues System der Wasserkühlung mit Gebläse, Thermostat und Radialpumpe sorgt für gleichmäßig günstige Motortemperaturen.

Der Motor hängt mit seinem Schwerpunkt tief zwischen den hoch abgestützten Schraubenfedern für die Vorderräder.

Beim Motor wurde auf der Ansaugseite der ausgereifte Flachstromvergaser und das bisherige Ansaugsystem vorerst beibehalten.

Im Leichtmetall-Zylinderkopf ist der Thermostat eingebaut. Die Radial-Kühlmittelpumpe wird von der Lüfterwelle angetrieben.

Auch jedes Hinterrad wird einzeln an je einen Achslenker geführt und ist unabhängig vom anderen Rad weich abgefedert.

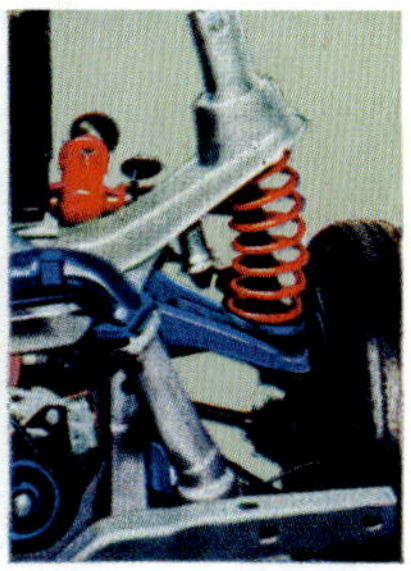

Jedes Vorderrad hängt an zwei Querlenkern und stützt sich weich auf die Federung mit dopeltwirkenden Teleskopstoßdämpfern ab.

▲ *Diese Bilder aus dem Wartburgprospekt für das Modell 312/1 zeigen und beschreiben die weiteren Neuerungen gegenüber dem Typ 311, sowohl antriebs- wie fahrwerkseitig.*

▲ Die Innenausstattung des 312ers mit neuem Lenkrad und neuer Armaturentafel.

▲ Die wesentlichste Neuerung am Dreizylinder-Zweitakttriebwerk des Wartburg war die integrierte Wasserpumpe im Zylinderkopf.

Der 312er geht in die Serie

Am 1. September 1965 war es dann soweit, der Wartburg 312 mit dem neuen Fahrwerk konnte in die Serienproduktion gehen. War die alte Karosserie auch nur eine Notlösung, das neue Chassis konnte sich - selbst im internationalen Vergleich - durchaus sehen lassen. Schraubenfederung, Doppelquerlenkerachse vorn, Lenkerachse mit Querstabilisator hinten und dazu die lastabhängige Bremskraftregelung waren Stand der Technik. Außerdem konnten durch die Verwendung von Silentbuchsen und dauergeschmierten Kugelgelenken die Wartungsintervalle für Fahrwerksteile auf 50 000 Kilometer gestreckt werden. Dazu war noch die Aufhängung des Hauptschalldämpfers geändert worden; jetzt, quer vorn am Motor montiert, konnten Körperschallübertragungen weitgehend vermieden werden. Die nun verwendeten Reifen der Größe 6.00-13 (statt bisher 15 Zoll) auf Felgen 4,5 J x 13 verringerten den Wendekreis um rund zwei Meter; durch die größer erscheinenden Radkästen ließ sich der neue 312er optisch von seinem Vorgänger unterscheiden.

▲ Ein Wartburg 312/1 Ende der 1960er Jahre im Schweizer Bergland.

Die Modellpalette

Die Modellpalette umfasste wieder eine Standard-Limousine und eine Limousine de Luxe. Letztere wartete mit einer durch Zierleisten getrennten Zweifarben-Lackierung, vorgezogene Scheinwerferblendringe, seitliche Armlehnen, gepolsterte Zuziehgriffe, Liegesitze vorn (alle Sitze in Stoff-Kunstleder-Kombination) und ein serienmäßiges Transistorradio auf. Beide Limousinen konnten auf Wunsch mit einem Stahlschiebedach ausgerüstet werden. Des Weiteren waren Kombi (mit nach oben öffnender Heckklappe) und die beliebte Camping-Limousine weiter bzw. wieder im Angebot. Die gerade erst vorgenommene Unterteilung des Kombis in Standard und de Luxe entfiel wieder. Da die Einführung des neuen Wartburg Tourist erst 1967 erfolgte, blieben diese beiden Modelle (auch einige Pickups wurden noch gebaut) auch länger als die 312-Limousine im Angebot. Genauer gesagt

▲ *Die Luxus-Limousine war wie gehabt zweifarbig lackiert, die Lampenringe breiter vorgezogen. Ein Stahlschiebedach war für alle Limousinen optional lieferbar.*

▲ *Im Lieferprogramm für den neuen Wartburg 312 stand natürlich wieder die Standard-Limousine, die komplett einfarbig oder mit weiß abgesetztem Dach geliefert werden konnte.*

lief im September 1967 der letzte 312er Kombi vom Band, während die letzte 312-Limousine am 30. Juni 1966 montiert worden war. Die Camping-Limousine auf 312-Chassis gehört heute zu den gefragtesten Wartburg-Modellen, sie ist immer noch alltagstauglich, äußerst praktisch und natürlich einfach schön. Nicht weniger gefragt und vor allem noch teurer ist der Wartburg 312-300 HT. Das Sportcabriolet mit Hardtop oder Stoffverdeck war und ist mit seiner markanten Frontpartie ***das*** Gesicht der 312er Reihe. Und mit nur gut 300 gebauten Exemplaren eines der seltensten Wartburg-Modelle überhaupt.

Da sich die Einführung des neuen Wartburg 312/2, der später »353« genannt wurde, etwas länger hinzog, als geplant, versuchte man die alte Karosserie für 1966 noch mit einem neuen Frontgrill aufzuwerten. Vorrangig für einige Exportmodelle (siehe Bild zur Kapiteleinführung) wurde dies auch in der Serie umgesetzt.

▲ *Auch der Wartburg Kombi mit – wie zuletzt beim 311er – nach oben öffnender Heckklappe blieb noch lange nach Einführung des Typs 353 im Programm der Eisenacher. (Foto: Typ 27)*

▲ *Die Camping-Limousine auf dem 312er Fahrgestell erlebte ihre Auferstehung und gehört heute zu den gefragtesten Wartburg-Typen. Auch hier wieder die breiteren Lampenringe.*

▲ *Sogar einige Pickups 312/7 wurden in Eisenach auf das neue Fahrgestell gesetzt. (Foto © Mathias Hofmann)*

▲ *Offiziell wurde das Hardtop-Cabrio als »Wartburg 1000 Coupé« angeboten.*

▲ *Das markanteste Gesicht der 312er Reihe war zweifellos der in nur wenigen Exemplaren gebaute Typ 312-300 HT. Damals als eher hässlich empfunden gehört er heute zu den kaum noch bezahlbaren Ost-Oldtimern.*

▲ *Auch ein markantes Gesicht: So stellte das Eisenacher Automobilwerk 1966 auf der Leipziger Frühjahrsmesse einen Wartburg mit optionaler Frontgestaltung vor.*

Der Wartburg 353

CP-2369

Dieses eine Jahrzehnt zwischen 1955 und 1966 war automobiltechnisch zweifellos die innovativste Zeit der 40jährigen DDR-Geschichte. Nach der sogenannten zweiten »Erzeugnisgeneration«, unter anderem mit P 70, Trabant 500, S 4000, Garant oder Barkas V 901/2, entstand bis 1965 die dritte Generation zum Beispiel mit dem Trabant 601, dem Barkas B 1000 oder dem LKW W 50. Nicht immer waren es die ganz großen Würfe, dennoch blieb die Kraftfahrzeugindustrie im Osten Deutschlands zunächst noch halbwegs auf internationalem Niveau.

Das sollte natürlich auch für einen Nachfolger des Wartburg 311 gelten, denn dessen runde Karosserieformen entsprachen inzwischen nicht mehr dem internationalen Automobildesign und der Zweitaktmotor war außer bei der schwedischen Marke Saab aus dem Automobilbau verschwunden. Die Sorgen galten weniger dem Inlandsmarkt, der alles abnahm, was nur irgendwie aus den Fabriken rollte, als vielmehr der künftigen Exortfähigkeit des Wartburg.

Logik? – Nein danke!

Einige merkwürdige Entscheidungen des Generaldirektors der VVB Automobilbau, Kurt Lang, beeinflussten die Entwicklung des 311-Nochfolgers maßgeblich. Da war zum einen der angeordnete Entwicklungsstopp eines Vierzylinder-Viertakt-Boxermotors, dessen Entwicklung schon weit gediehen war, und der eigentlich schon ab 1962 zum Einsatz kommen sollte. Stattdessen plante Lang vorerst den Dreizylinder-Zweitakter beizubehalten, bis ab etwa 1970 ein eigener Kreiskolbenmotor eisatzbereit sein würde.

Des Weiteren kam wiederholt ein gemeinsamer PKW mit dem Automobilwerk in Zwickau auf die Tagesordnung, was zunächst zu den Prototypen P 100 in Zwickau und Eisenach führte (siehe Kapitel »Vergebene Chancen«). Im Oktober 1963 kam der Plan vom gemeinsamen Automobil noch einmal auf die Tagesordnung: Spätestens ab 1975, so Lang, sollte es einen DDR-Einheits-PKW geben.

Nicht zuletzt diese Vorgaben, die schon wenige Jahre später nur noch Makulatur waren, führten letztendlich zu den Modellen Trabant 601 in Zwickau und Wartburg 353 in Eisenach. »Zwischentypen« eigentlich, die dann aber für Jahrzehnte Bestand hatten. Und dies zusammen mit ihren veralteten Zweitaktmotoren und speziell beim Wartburg mit dem alten Ovalrahmen anstelle einer ursprünglich geplanten modernen, selbsttragenden Karosserie.

Eine Duroplast-Karosserie?

Nach dem erfolgreichen Einsatz von Duroplast bei der Karosseriefertigung des in Zwickau gebauten Kleinwagens Trabant kam auch für den neu zu konzipierenden Wartburg-Aufbau kurzzeitig die Idee auf, hier den unter anderem aus Baumwollresten bestehenden Kunststoff zu verwenden. Das bedeutete flache Karosserieteile, wenig Rundungen, großzügige Spaltmaße und möglichst viele Schraubverbindungen. Verschiedene Gründe, unter anderem auch der Erhalt der Exportqualität des zu dieser Zeit noch sehr wichtigen Devisenbringers, ließen die Wirtschaftsplaner vom Duroplast aber wieder Abstand nehmen. Trotzdem änderten sich die Vorgaben für die zu schaffenden Karosserieteile nicht und bereits durchgeführte Designstudien mussten nicht komplett verworfen werden. Denn die klar strukturierten Teile für den neuen Wartburg brauchten weniger aufwändige Presswerkzeuge (die bei Bedarf auch mal billiger nachzufertigen waren als die für die runden 311-Teile) und vor allem konnte das für die DDR so teure und stets knappe Karosserie-Tiefziehblech wesentlich rationeller verarbeitet werden. Und zu guter Letzt machten angeschraubte Kotflügel einen Austausch erheblich leichter als verschweißte Teile.

Die Formgestalter

Einen letztendlich doch nur geringen Anteil am Aussehen des Wartburg 353 hatten die wohl bekanntesten Formgestalter der DDR (heute würde man wahrscheinlich »Stardesigner« sagen) Claus Dietel und Lutz Rudolph. Dietel hatte schon in seiner Diplomarbeit 1961 die Karosserieform eines Mittelklasse-Automobils entworfen, das seiner Zeit weit voraus war. Zusammen mit Rudolph war er an zahlreichen Projekten des DDR-Fahrzeugbaus beteiligt; neben vielen PKW-Entwürfen entstanden auch LKW- und Omnibusaufbauten. Am bekanntesten wurden die beiden durch ihre Zusammenarbeit mit Simson und deren S 50-Reihe.

Für das Eisenacher Automobilwerk waren die beiden mit zwischenzeitlicher Unterbrechung von 1962 bis 1964 tätig, wobei Rudolph offiziell erst im Mai 1963 dazu kam. Ihre Entwürfe, sowohl für die äußere Optik des neuen Wartburg als auch für die Innenraumgestaltung, fanden sich in der späteren Umsetzung am Serienmodell durchaus wieder, wenn auch längst nicht in dem Maße, wie es sich die beiden gewünscht hätten.

Endgültig verantwortlich für das Aussehen des neuen Typs 353 zeichnete aber jemand anderes. Hans Fleischer, der von sich selbst bescheiden als »Karosseriekonstrukteur« sprach, hatte allen Eisenacher Automobilen seit dem Prototyp EMW 342 seinen Designstempel aufgedrückt, auch allen 311er Karosserien inklusive der des 313 Sport. In einem Artikel über Hans Fleischer im ***Motor-Jahr 78*** hieß es zum Thema Wartburg

▲ *Im Zuge seiner Diplomarbeit schuf der spätere Professor Claus Dietel 1961 einige Designentwürfe für mögliche künftige Mittelklasse-PKW aus DDR-Produktion.*

▲ *Die bekanntesten »Formgestalter« der DDR, Claus Dietel (links) und Lutz Rudolph waren zwischen 1962 und 1964 auch für das Automobilwerk Eisenach tätig.*

353: »Bei diesem völlig neu konstruierten Wartburg 353 gelang es Hans Fleischer, die Erfordernisse von Ästhetik, Funktion und Technologie in Verbindung mit einer zeitlos optimalen Form zu vereinen.
Absolut funktionsbetont, frei von jeglichem modischen Tand und bei voller Berücksichtigung der fertigungstechnischen Belange, konnte der Ausnutzungsgrad von hochwertigem Tiefziehblech wesentlich erhöht werden. Das bedeutete eine Mengenreduzierung dieses Zieh- und Tiefziehbleches, das zum großen Teil importiert werden musste, in einer Größenordnung von fast 70 kg je Fahrzeug.«

▸ *Eine Studie von Dietel/Rudolph zur Buggestaltung des Wartburg 353 aus dem Jahre 1962/63.*

▲ *Die von Hans Fleischer gezeichnete Karosserie des neuen Wartburg in der Version als Stufenhecklimousine setzte sich gegen andere Entwürfe durch.*

Die ersten Holzmodelle

Am 22. September 1962 wurde beim AWE-Betriebsdirektor Martin Zimmermann über die Entwürfe für den künftigen Wartburg 312-BI, wie er zunächst intern genannt wurde, entschieden. Dabei machten Fleischers Vorstellungen für eine Stufenhecklimousine das Rennen. Umgehend wurde mit der Fertigung zweier Holzmodelle in den Maßstäben 1:5 und 1:1 begonnen. Letzteres wurde im März 1963 fertig gestellt. Erstaunlicherweise äußerten nun sowohl die Werkleitung als auch die Leitung der VVB Automobilbau Bedenken an der Karosserieform, die sie noch zuvor durchgewunken hatten. Plötzlich kam sie ihnen zu einfach und zweckgebunden und zu wenig luxuriös vor. Man verwies auf italienische und amerikanische Automobile und konnte sich angedeutete Heckflossen oder Panoramascheiben vorstellen.

Ähnliche Streitereien gab es bei der Gestaltung des Innenraums, bei dem sich die Entwürfe von Dietel/Rudolph im Wesentlichen (zum Beispiel der Verzicht auf ein eingebautes Radio) nicht durchsetzen konnten.

▲ *Beim 1:5-Holzmodell waren zwar schon quer angeordnete Kühler-Zierleisten wie später in der Serie angeordnet, ansonsten war dieser Entwurf noch recht weit vom späteren Wartburg 353 entfernt.*

▲ *Das 1:1 Holzmodell wurde im Mai 1963 fertiggestellt. Bis auf die Buggestaltung kam es dem späteren Serienmodell schon recht nahe.*

Erste Prototypen

Das erste Funktionsmuster des jetzt 312/2 genannten Fahrzeugs, das der endgültigen Form schon sehr nahekam war am 3. August 1963 fertiggestellt und sofort ausführlich erprobt worden. Ein zweites Fahrzeug entstand im Dezember 1963 mit geänderter Front- und Heckpartie - aber immer noch mit Rundscheinwerfern.

▲ *Der erste Prototyp wurde Anfang August 1963 fertig. Immer noch dominierte die von Claus Dietel entworfene Frontgestaltung.*

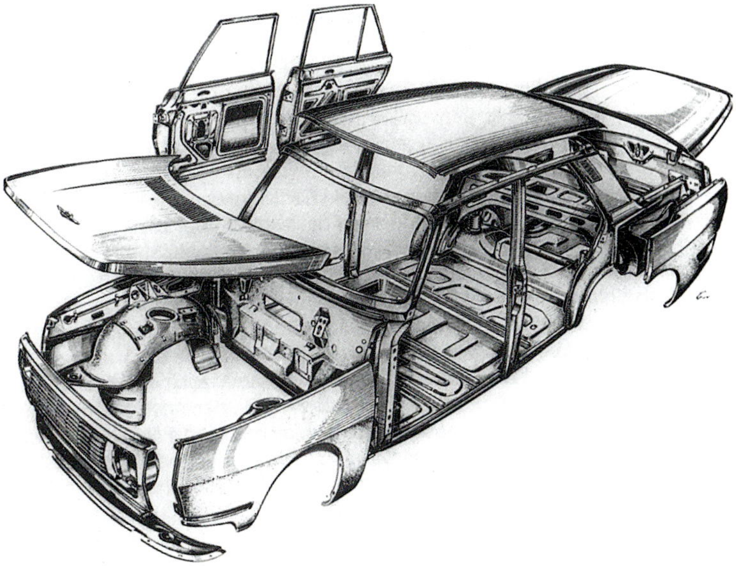

▲ *Viele Karosseriebauteile des Wartburg 353 waren verschraubt, was Reparaturen vereinfachte und letztendlich Ressourcen sparte.*

Nach der offiziellen Vorstellung dieses zweiten Prototyps zu Beginn des Jahres 1964, unter anderem vor Vertretern von Importeuren und der staatlichen Plankommission, kamen erneut Diskussionen über die vor allem äußere Gestaltung des Fahrzeugs auf. In der Folge sollte die Frontpartie noch einmal gründlich überarbeitet und mit Breitscheinwerfern ausgestattet werden. Außerdem wurden die Seitenkanten von Motorhaube und Kofferraumdeckel breiter. Daraufhin entstand dann bis zum 17. April 1964 das dritte Funktionsmuster, das allgemein Beifall erheischte. Den Mitarbeitern des Automobilwerkes wurde der jetzt »Wartburg 353« genannte Wagen einen Tag später vorgestellt.

▲ *Der dritte Prototyp von April 1964 mit großer Kofferraumklappe.*

Der Streit um Formen war damit aber nicht beendet. Vor allem Claus Dietel und Lutz Rudolph, die ihre Arbeit und damit ihre - nach ihrer Überzeugung - unbedingt zu verwendenden Gestaltungselemente nicht genug berücksichtigt sahen, schoben eine Kampagne an, die letztendlich die Serienfertigung des neuen Wartburg nach dem Vorbild des dritten Funktionsmusters verhindern sollte. Was letztendlich aber - glücklicherweise - erfolglos blieb.

▲ *Die zumindest damals zeitlose Karosserie musste sich auch im Windkanal bewähren. Der Luftwiderstandswert war besser als beim runden 311.*

Vorserie und Serie

Parallel mit der Einführung des Wartburg 312 begann am 1. September 1965 auch die Nullserienfertigung des Typs 1000-353. Ein knappes Jahr später, am 1. Juli 1966 konnte dann offiziell der erste Serien-Wartburg 1000 Typ 353 montiert werden. Damit waren die Eisenacher Automobilwerker einigermaßen im Zeitplan geblieben - allerdings auf Kosten eines völlig neuen Getriebes, das ursprünglich von Anfang an im neuen Wartburg seinen Dienst tun sollte, dessen Einbau aber in die Zukunft verschoben werden musste. Darüber sah die gesamte ostdeutsche Presse hinweg, die ansonsten sehr ausführlich und sehr positiv die Einführung des neuen Mittelklasse-Wagens der DDR begleitete. Auch in der westlichen Presse nahmen die Redakteure wohlwollend Notiz vom neuen Wartburg; dramatisch steigende Exportzahlen in diese Länder, wie vom DDR-Außenhandel erhofft, blieben aber aus. Wesentlichen Anteil daran dürfte der Motor gehabt haben. Einerseits waren Automobile mit Zweitaktmotor im Westen aufs Abstellgleis gefahren (Saab hielt ebenfalls mit einem Dreizylinder-Zweitakter

▲ *Natürlich ging die Fertigung des ersten 353-Serienmodells nicht ohne die bei diesen Gelegenheiten üblichen sozialistischen Parolen ab.*

▲ *Der Wartburg und die Wartburg: Auch der neue Eisenacher musste sich diesem Motiv stellen.*

nur noch einige Jahre durch), andererseits ließen die 45 PS des knapp eine Tonne wiegenden Fahrzeugs nur mäßige Fahrleistungen zu. Das Zweitaktimage hatten die Ingenieure mit einer Frischölschmierung, an der man monatelag herumdokterte, die aber nie eingesetzt wurde, zu kaschieren versucht und eine deutliche Leistungssteigerung erfuhr der Motor erst 1969.

◂ *Zur Präsentation des neuen Wagens wurde für die Presse eigens eine 20-seitige Broschüre im A 4-Format gedruckt.*

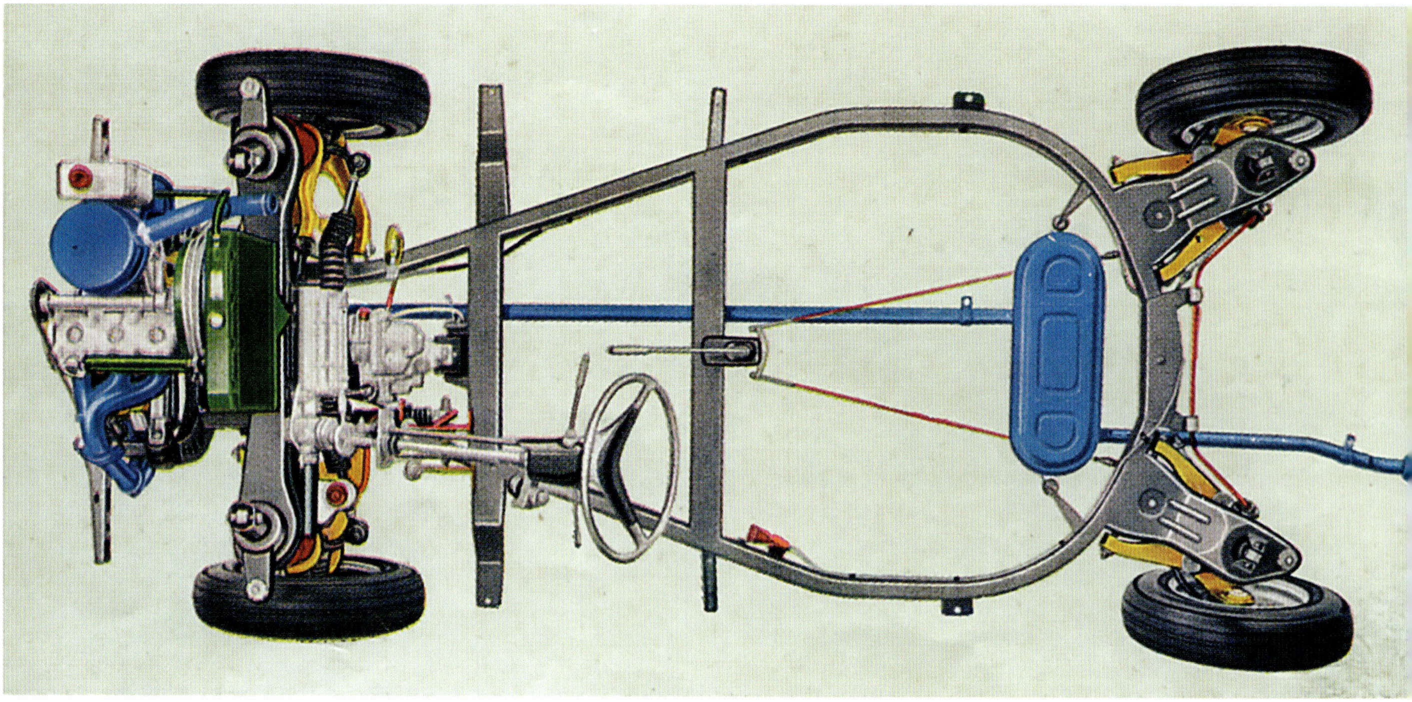

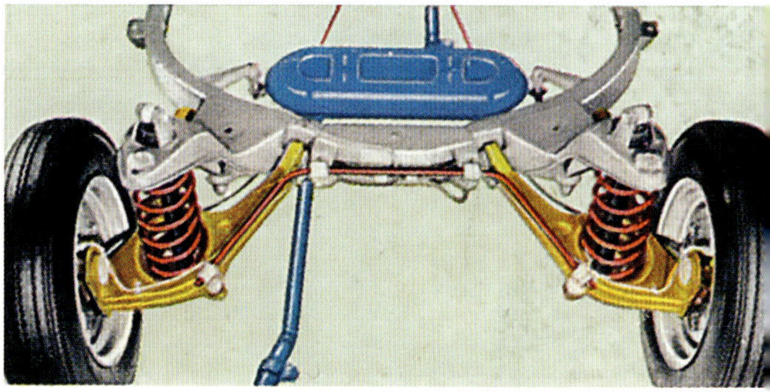

▲ *Unterm Blech war die Technik des Typ 353 ja als Wartburg 312 schon ausführlich beschrieben worden. Der Karosserieinnenraum soll um 25 % größer gewesen sein als beim Vorgänger.*

▸ *Für DDR-Verhältnisse war der neue Wagen zweifellos eine Sensation und wenn der Motor nicht gewesen wäre, hätte der Wartburg auch im Westen für Furore sorgen können.*

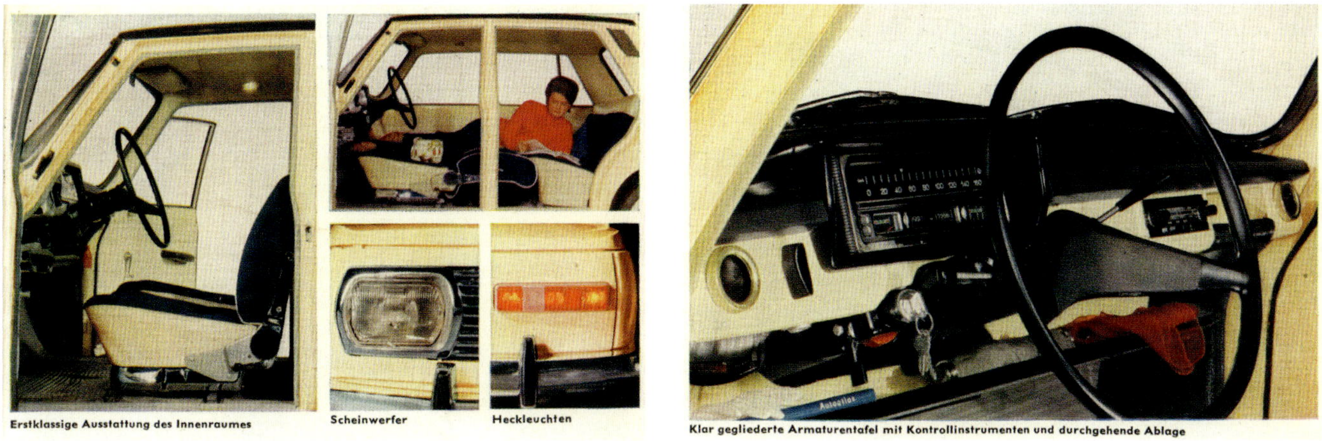

▲ *Von Beginn an wurde der Wartburg als Standard- und de luxe-Limousine angeboten. Die hier wiedergegebenen Innenansichten zeigen das letztere Modell.*

Investitionen für die Serienfertigung

Der Wechsel auf den Typ 353 brachte eine Reihe von millionenschweren Investitionen – die auch mit harten Devisen bezahlt werden mussten – für das Eisenacher Werk mit sich. So kam es im Karosseriebau zu einer Zusammenarbeit mit Renault für die Installation von Vielpunkthalterungen im Zusammenhang mit modernen Schweißautomaten. In der Motoren- und Fahrwerkfertigung wurden neue Taktstraßen für Zylinderköpfe und Schwenklager aufgebaut. Mit der Stuttgarter Firma Otto Dürr wurde im Bereich Oberflächenbehandlung und Lackierung noch 1966 begonnen, eine Anlage zur elektrophoretischen

▲ *Mit Hilfe des französischen Automobilherstellers Renault konnten für die 353-Fertigung moderne Schweißanlagen installiert werden.*

Tauchgrundierung zu installieren – damals einzigartig im osteuropäischen Automobilbau.
Was damals noch niemand ahnte: Es blieben die letzten großen Investitionen des Werkes für die nächsten 20 Jahre.

▲ *Und die Stuttgarter Firma Otto Dürr lieferte eine Anlage zur Oberflächenbehandlung, die in Osteuropa einzigartig war.*

Varianten und Ausstattungen

Als die Pläne für den neuen Wartburg um 1962 herum konkret wurden, planten die Eisenacher Konstrukteure noch mit einer Vielzahl von Karosserievarianten, wie sie das vom 311er her gewohnt waren. So sollten also neben den Limousinen mit oder ohne Schiebedach auch wieder ein Coupé und ein Cabriolet gebaut werden. Außerdem standen natürlich ein Kombi und auch wieder ein Pick-Up im Pflichtenheft.

Letzteren hatte es ja auch beim Zwischentyp 312 noch gegeben, aber die Spaßautos mussten aus Gründen der unbedingten Stückzahlsteigerung und kostengünstigeren Fertigung schließlich doch außen vor bleiben.

▲ *So stellte sich Hans Fleischer im Herbst 1963 die Fahrzeugflotte vor, die aus dem neuen Wartburg entstehen könnte. Viel blieb davon nicht übrig.*

Wartburg 353 Limousine Standard

Mit der Bezeichnung Wartburg 1000 Typ 353 (galt auch für die de luxe-Limousine, später fiel die 1000 weg) war die Standard-Limousine zunächst das mit großem Abstand meistgebaute Wartburg-Modell. Die Karosserie entstand im Stammwerk Eisenach und war einfarbig lackiert. Die einfache Limousine war in erster Linie für den Inlandsbedarf gedacht, sofern der DDR-Bürger die geforderten 16.750 Ostmark aufbringen konnte. Das war eine Menge Geld, bedenkt man, dass das monatliche Durchschnittseinkommen eines Arbeiters zu dieser Zeit kaum

▲ *Anfänglich war offiziell vom »Wartburg 1000 Typ 353« die Rede, zwei Jahre später war es nur noch der Wartburg 353.*

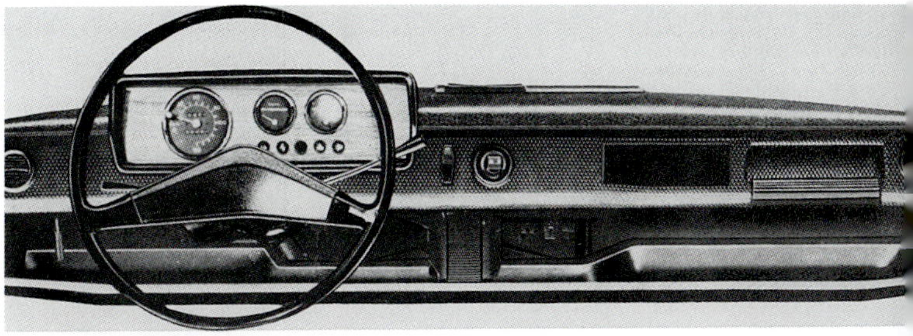

▲ *Armaturentafel und Innraumambiente der Standard-Limousine.*

750 Ostmark betrug. Wer sich also einen Wartburg, zumal einen neuen, leisten konnte, der hatte es zu etwas gebracht und zählte zur sozialistischen Oberschicht.

Wartburg 353 Limousine de Luxe

Die Produktion des Luxus-Wartburgs startete parallel mit der Standard-Limousine, da man ja keine Zeit versäumen durfte, die Exportkunden zu bedienen. Äußerlich erkennbar am farbig abgesetzten Dach, sofern der Käufer dieses für das de Luxe-Modell lieferbare Extra geordert hatte, den eloxierten Leisten an den Türunterkanten, den Radzierringen, der Radioantenne an der linken A-Säule und dem de-Luxe-Schriftzug an beiden vorderen Kotflügeln. Das andersfarbige Dach wurde aus Gründen einer rationelleren Fertigung schon bald wieder aus dem Programm genommen. Innen gab es zweifarbige Türverkleidungen, Liegesitze, einen Tacho mit Tageskilometerzähler, eine Ablage unter der Instrumententafel (die Standard-Limousine hatte hier nur ein Netz), ein Autoradio und eine Zweiklangfanfare. Einen Tausender mehr, also 17.750 Ostmark musste ausgeben, wer in die automobile Luxusklasse der DDR aufsteigen wollte. Ab Januar 1967 konnte schließlich auch die Rechtslenker-Limousine gefertigt werden. In England trug der Wartburg die Typenbezeichnung »Knight« (Ritter) am Kühlergrill.

▲ *Die frühen de Luxe-Modelle hatten ein farbig (meist schwarz) abgesetztes Dach.*

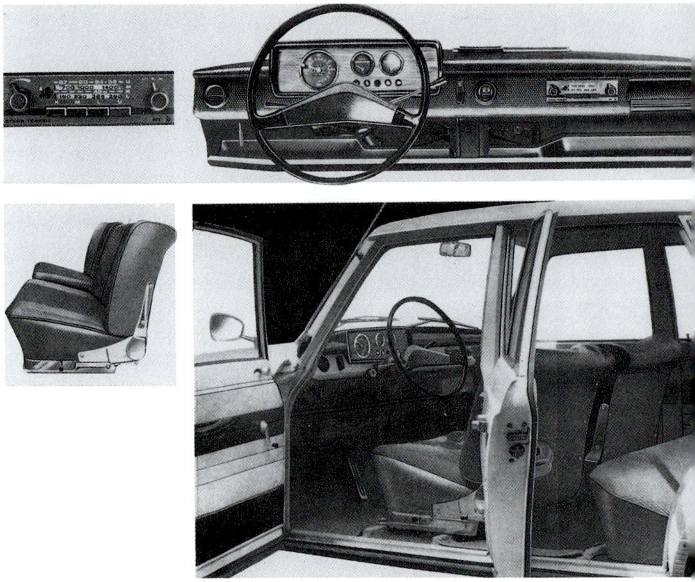

▲ *Einblicke in die Ausstattung der Wartburg de Luxe-Limousine, unter anderem mit Liegesitzen (mit höherwertigem Bezug) und Transistorradio (Autosuper), wahlweise »Konstant« oder »Stern transit«.*

▲ *Aus Gründen einer rationelleren Fertigung wurden die Luxus-Limousinen später nur noch einfarbig angeboten.*

Wartburg 353 Tourist Standard und de luxe

Die schrittweise Einführung des neuen Wartburg 353, ohne größere Produktionsrückstände aufzubauen, bedeutete auch die Verschiebung des Serienanlaufs des neuen Kombis nach Einführung der Limousinen. Die ersten Versuchsfahrzeuge des neuen Kombis waren parallel mit dem Serienbeginn der Limousine im Juli 1966 gefertigt worden. Diese Fahrzeuge ka-

▲ *Ein Jahr nach der Einführung der 353-Limousine ging auch der neue Kombi in die Serienproduktion. Die Aufbauten der Standardausführung kamen aus dem Karosseriewerk Halle.*

▲ *Wegen seiner Variabilität und dem großzügigen Platzangebot (1,93 m maximale Ladelänge, 1800 Liter Stauraum) war der Wartburg Tourist sehr schnell äußerst beliebt, seine Fertigungszahlen blieben aber stets weit hinter denen der Limousine zurück.*

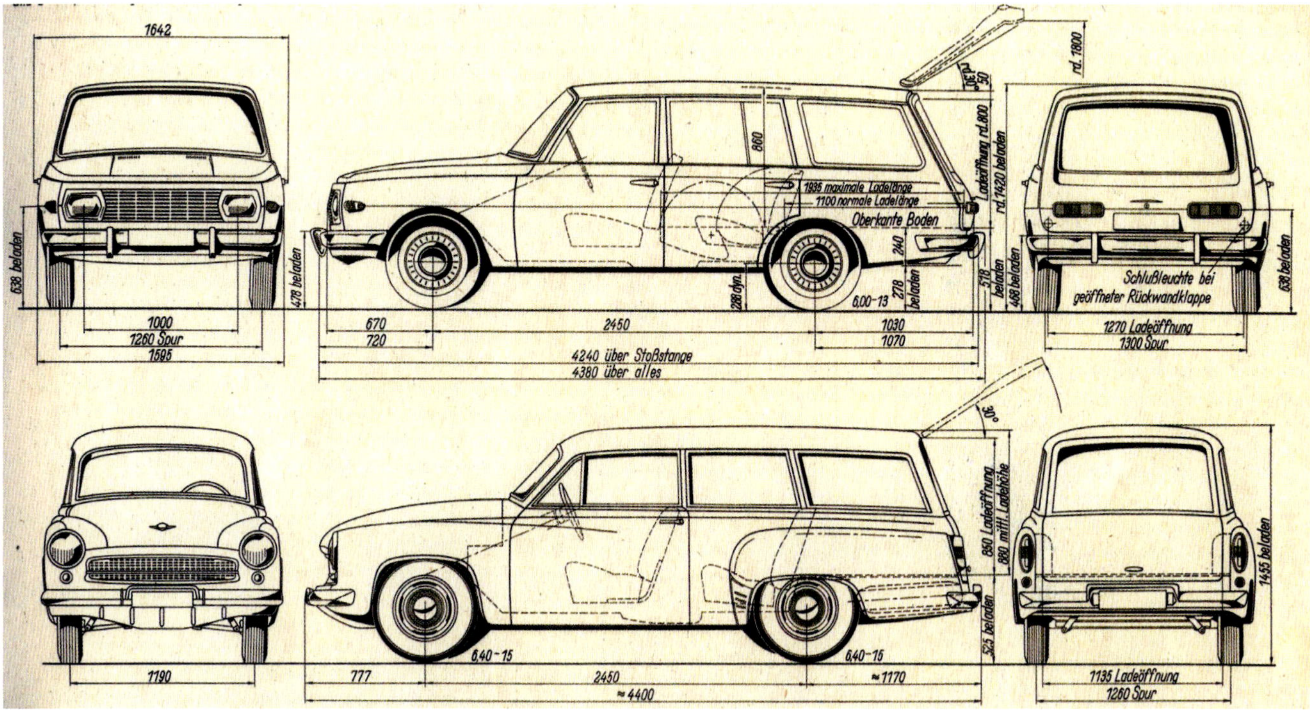

▲ *Dieser interessante Vergleich zwischen dem 311er Kombi und dem neuen 353 Tourist zeigt den Zuwachs an Größe und Platz beim neuen Modell.*

men den Serienmodellen, die dann ab September 1967 aus der Montagehalle rollten, schon sehr nahe. »Tourist« nannten die Schöpfer den sehr geräumigen und äußerst praktischen Fünftürer, der zeitgleich in der Standardausführung (Karosseriewerk Halle) und der de luxe-Version (Karosseriewerk Dresden) sowie als Rechtslenker ins Rennen geschickt wurde. Der einfache Kombi war für 17.500, das Luxusmodell für 18.500 Ostmark zu haben. Die Lieferzeiten betrugen allerdings schon zwei bis drei Jahre. Der Tourist löste nun den 312er Kombi und leider auch die schöne Camping-Limousine ab, für die kein Nachfolger mehr im Plan stand.

Wartburg 353 Limousine und Tourist mit Stahlschiebedach

Ab Februar 1968 konnten Limousine und Kombi mit einem Stahlschiebedach geliefert werden. 400 Ostmark musste dafür extra bezahlen, wer ein de-Luxe-Modell bestellte. Denn nur dafür - und natürlich vor allem für Exportkunden - war diese Option anfangs erhältlich. Spätestens zu Beginn der 1970er Jahre stand das Schiebedach, das theoretisch auch in einer Fachwerkstatt nachgerüstet werden konnte, allen Wartburginteressenten optional zu Verfügung.

▲ *Das Stahlschiebedach war anfangs nur für die de Luxe-Modelle vorgesehen, konnte aber später für alle Wartburg-Typen geordert werden.*

Sonderwunschmodell 1972

Zu Beginn der 1970er Jahre verlor der Wartburg nicht nur auf westlichen Exportmärkten mehr und mehr Marktanteile. Trotz der Leistungssteigerung auf inzwischen 50 PS war der Zweitaktmotor vollkommen ins Abseits gefahren und die Marketingstrategen versuchten mit diversen Lockangeboten den Wartburg weiter im Rennen zu halten. Ab 1972 gab es deshalb ein Sonderwunschpaket, das bereits auf der Leipziger Herbstmesse im Jahr zuvor präsentiert worden war. Es beinhaltete eine Lackierung in der »Effektfarbe Mandarin«, die die sportliche Note des Wartburg stärker zur Geltung bringen sollte. Aufpreis: 150 Ostmark. Dazu passten Schalensitze (Aufpreis für de luxe 320 und für Standard 620 Ostmark) und Knüppelschaltung (Aufpreis 200 Ostmark). Außerdem waren als Extras Nebelscheinwerfer, Nebelschlussleuchte und Radialreifen in der Größe 165 SR 13 lieferbar. Einen größeren, eckigen Außenspiegel erhielten alle Wartburg-Modelle serienmäßig.

▲ *Anlässlich der Leipziger Herbstmesse brachten die Eisenacher einen Prospekt heraus, der die ab 1972 erhältlichen Sonderausstattungen zeigte. Während hier die neue Farbe Mandarin zu sehen ist, wurde auf dem Titelblatt immer noch der alte Spiegel gezeigt.*

▲ *Limousinen-Parade für das Modelljahr 1972, mit und ohne Schiebedach.*

BLICK AUF EINZELHEITEN

Limousine und Tourist als Karosserievarianten, reichhaltige Grundausstattung, wetterfestes Stahlschiebedach auf Wunsch und vervollkommneter Komfort in den Luxus-Ausführungen bezeichnen die weite Modellskala WARTBURG 353.

Neu für den Jahrgang 1971/72 halten zahlreiche Details serienmäßig Einzug und summieren sich zu wertvollen Verbesserungen in der gesamten Typenreihe, und für besondere persönliche Ansprüche erfolgt außerdem eine attraktive Komplettierung der Palette WARTBURG 353 durch Extras.

Dies hier zeigt einige Ausschnitte davon.

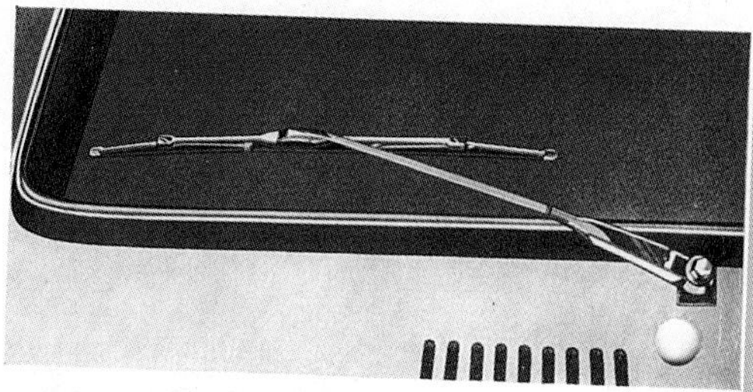

NEUE WISCHERFAHNEN
in aerodynamisch günstiger Form verhindern ein Abheben der Scheibenwischer bei hohem Fahrtempo.

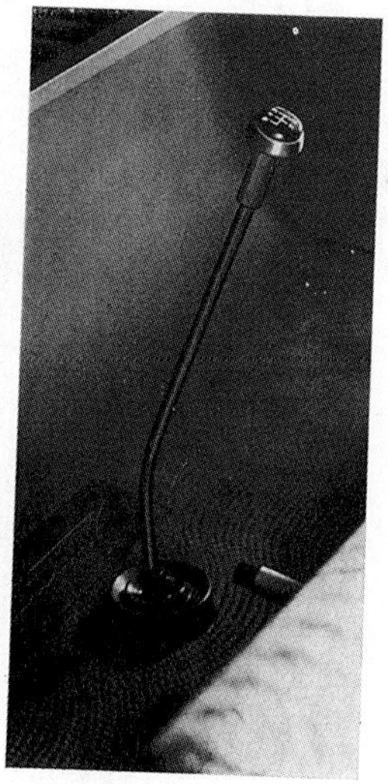

EFFEKTFARBE
Ein Extra-Angebot für den WARTBURG 353: Sonderlackierung in der Effektfarbe „mandarin", die schon von weitem, ohne „schockierend" zu sein, stark auffallend wirkt – sowohl auf schattigen Waldstraßen als auch auf hellem Autobahn-Beton, bei regennasser wie bei trockener oder verschneiter Fahrbahn. Wunschgemäß unterstreicht diese Lackierung die Sportlichkeit des WARTBURG 353 und seines Fahrers. Außerdem ist sie noch ein Sicherheitsbeitrag.

VOLLGUMMI-STOSSTANGEN-HÖRNER
schonen blechverformte Karosserieteile besser, wenn es mal zu einem kleinen Anstoß kommen sollte.

AUSSENSPIEGEL
mit größerer und vollformatiger Spiegelfläche verbessert die Rücksicht (wichtig vor dem Einordnen in Fahrspuren ebenso wie beim Beginn von Überholvorgängen!).

KNÜPPEL-SCHALTUNG
Bei dieser Anordnung ragt der Schalthebel mitten aus dem Wagenboden empor, und der zu kraftvollem Zupacken animierende Schaltknopf liegt seitlich vom Lenkrad in Griffnähe – an der Stelle, wo ihn sportlich orientierte Fahrer gerne mögen. Solche Wünsche also erfüllt, anstelle der normalen Lenkradschaltung, nun der Sonderwunsch Knüppelschaltung im WARTBURG 353.

▲ *Die Innenseiten des Prospekts (auf dieser und auf der nächsten Seite) zeigen einerseits einige Neuerungen, die allen Wartburg-Modellen ab 1972 zugutekamen, andererseits die Sonderoptionen, die in erster Linie für Exportmodelle gedacht waren.*

:BEL-
HLUSSLEUCHTE
ıt nur möglichst gute Sicht
h vorn ist bei diesigem
tter und Nebel wichtig,
dern ebenso die Erkenn-
keit nach rückwärts. Da-
:h lassen sich Auffahr-
älle vermeiden.
konsequente Ergänzung
Nebelscheinwerfern ist da-
eine Ausrüstung des
RTBURG 353 mit Nebel-
ıßleuchte. Sie macht mit
ı 20facher Leuchtkraft im
leich zu normalen Schluß-
nten bei Nebel Ihren Wa-
für nachfolgende Fahrer
zeitig erkenntlich.

NEBEL-
SCHEINWERFER
Wie notwendig und sicherheitsdienlich Nebelscheinwerfer sind, merkt man spätestens, wenn man sie braucht und dann nicht hat. Übrigens kommt Nebel nicht nur im Herbst und Winter vor.
Warum also nicht gleich gute, zum Wagen abgestimmte und optimal montierte Nebelscheinwerfer?
Eine solche Zusatzausrüstung vom Werk aus mit Halogen-Nebelscheinwerfern ergibt sich jetzt für den WARTBURG 353.

RADIALREIFEN
Vor allem bei sportlichem Fahrstil und dauerndem Alltagsbetrieb mit häufig hohen Geschwindigkeiten erweist sich die Überlegenheit des Radialreifens. Die Ausrüstung des WARTBURG 353 mit Radialreifen der Dimension 165 SR 13 zeitigt ihre Vorteile in geringerem Laufflächenabrieb, niedrigerem Rollwiderstand, verstärkter Seitenführungskraft und erhöhtem Federungskomfort. Das bedeutet: weicheres Fahren, mehr Sicherheit, weniger Kraftstoffverbrauch bei mehr Reifenlaufkilometern.

SCHALENSITZE
Diese Extra-Ausstattung im WARTBURG 353 berücksichtigt Wünsche sportlicher Fahrer und aktiviert in gleichem Zusammenhang die Fahrsicherheit. Denn diese speziell entwickelten und körpergerecht geformten Schalensitze – mit Lehnenverstellung und Stoff/Kunstleder-Bezug – ergeben hochgradige Ermüdungsfreiheit, feste Seitenführung und das besondere Feingefühl zur sicheren Beherrschung des Wagens. Selbstverständlich bieten sie auch oder erst recht vollwertigen Sitzkomfort.

▲ *1972 wurden den möglichen Sonderoptionen noch »Rallye-Seitenstreifen« hinzugefügt, die ausschließlich für Exportfahrzeuge gedacht waren und höchstens über »GENEX« in die DDR kamen.*

Wartburg Trans

Es war nahezu ausschließlich der Ruf des volkseigenen Außenhandelsbetriebs Transportmaschinen Import Export, der 1983, nach exakt 17 Jahren 353-Produktion, einen Wartburg Pick-Up entstehen ließ. Beim alten 311er hatte es diese Karosserievariante ja schon gegeben und für den neuen Typ 353 war sie geplant gewesen, aber bis dato nie umgesetzt worden. Ab September 1983 begann also die Serienfertigung des Wartburg »Trans« mit einer Ladefläche aus Blech, abnehmbaren Bordwänden und einer klappbaren Rückwand. Federn und Stoßdämpfer wurden verstärkt, der Tank verlegt und das Fahrzeug optional mit Plane und Spriegel versehen. Nahezu alle produzierten Fahrzeuge dieses Typs gingen in den Export und konnten hier die schwindsüchtigen Zahlen der letzten Jahre wieder etwas stabilisieren. Hauptabnehmerland für den praktischen Pick-Up war Griechenland; im Inland war dieser Wartburg praktisch nicht existent, nur ganz wenige der insgesamt 5300 Exemplare blieben für staatliche Bedarfsträger in der DDR. Die Karosserie wurde wie schon bei den letzten 311er Pick-Ups im Stammwerk Eisenach selbst gefertigt.

▲ *Der Wartburg Trans sollte 1983 den stark rückläufigen Export ankurbeln.*

▸ *Das Heck des Pick Up nackt zu liefern, sollte Importeuren die Möglichkeit verschaffen, eigene Aufbauten zu realisieren.*

◂ *Die Rückseite des Wartburg-Gesamtprospekts von 1986 ist dem Modell Trans gewidmet.*

▲ *Dieses Werbefoto sollte wohl die Vielseitigkeit des Wartburg Trans dokumentieren – ein Fahrzeug für jeden Bereich des Lebens.*

Wartburg MED

Aus dem Karosseriewerk Halle kam der Aufbau für den Notarztwagen Wartburg MED, der auf dem Wartburg Tourist basierte und zeitgleich mit dem Wartburg Trans im September 1983 in die Serienproduktion ging. Und zwar in zwei Varianten: Die »Schnelle medizinische Hilfe« (SMH) und der »Hausbesuchdienst« (HBD). Letzterer war eine abgespeckte Variante der leuchtend rotorange und reinweiß lackierten SMH, die mit vielen Extras aufwartete: Lautsprecher, Rundumleuchte, Suchscheinwerfer vorn und hinten, Fenster hinten in Trübglasausführung, extrastarke Deckenleuchten, Zusatzheizung, um 180° schwenkbarer Beifahrersitz und natürlich die medizinische Einrichtung. Für die vielen elektrischen Verbraucher war eine zweite Batterie im Motorraum verbaut.
Der Wartburg MED wurde nur in geringen Stückzahlen gefertigt (SMH 100 Stück, HBD 300 Stück) und blieb ausnahmsweise vornehmlich dem Inland vorbehalten.

▲ *Der Wartburg MED ging im September 1983 im Karosseriewerk Halle in die Serienproduktion.*

▲ *In erster Linie als Notarztwagen ausgerüstet, ergänzte der Wartburg MED den schon als Schnelle medizinische Hilfe (SMH) angebotenen Barkas B 1000.*

◂ *Der Wartburg MED war für den Einsatz in der DDR gedacht. Der Bedarf an solchen Fahrzeugen konnte aber nie auch nur annähernd gedeckt werden.*

▴ *Die Wartburg 353-Modelle für die Deutsche Volkspolizei tauchen offiziell nirgends als eigenständige Typenvariante auf.*

Modellpflege

24 POL
NATION
21 GDR 1 12438
17 GDR 2 12447
8 GDR 3 12468
2 GDR 4 12512
12 URS 5 12572
5 URS 6 12589
GERMINA
GERMINA
GERMINA

Nach dem Start der Serienfertigung gingen die Ingenieure daran, noch die Dinge umzusetzen, die es nicht mehr bis zum Serienstart geschafft hatten, aber geplant waren. Etwa was Motor und Getriebe betraf. Niemand ging davon aus, dass der Wartburg im Wesentlichen unverändert noch mehr als 20 Jahre Bestand haben würde. Niemand konnte sich vorstellen, dass der Dreizylinder-Zweitaktmotor, eine Konstruktion vom Ende der 1930er Jahre, ein halbes Jahrhundert später immer noch seinen Dienst im Wartburg verrichten würde. Aber so kam es schließlich und statt eines großen Wurfes in Form eines neuen, modernen Autos, bastelten die Eisenacher jahrzehntelang an ihrem Mittelklassewagen herum.

Von Beginn der Serienproduktion des Wartburg 353 an gab es zahlreiche meist kleinere konstruktive Änderungen, deren komplette Wiedergabe bereits ein eigenes Buch füllt. Alle wichtigen und für die heutige Zeit (mit dem Wartburg als Oldtimer) noch relevanten Verbesserungen und Weiterentwicklungen sollen aber nachfolgend aufgeführt werden.

▲ *Dieses Bild von 1968 zeigt die letzte Station der Wartburg-Montage im Eisenacher Automobilwerk.*

▲ *1966 war es im Automobilbau noch nicht ungewöhnlich, 20 Jahre später einmalig: Die Trennung von Fahrwerk und Karosserie führte noch zu einer echten Fahrzeughochzeit.*

▸ *Das neue vollsynchronisierte Getriebe war theoretisch für alle bisher ausgelieferten 353-Modelle nachrüstbar.*

1967

Ein Jahr nach Serieneinführung kam das völlig neu entwickelte, vollsynchronisierte Getriebe mit neuem Schaltschema für alle Wartburgtypen zum Einsatz. Neben den verbesserten Fahreigenschaften und wieder einmal dem Erreichen des »Weltstands« sollte das neue Getriebe auch eine längere Lebenszeit haben.

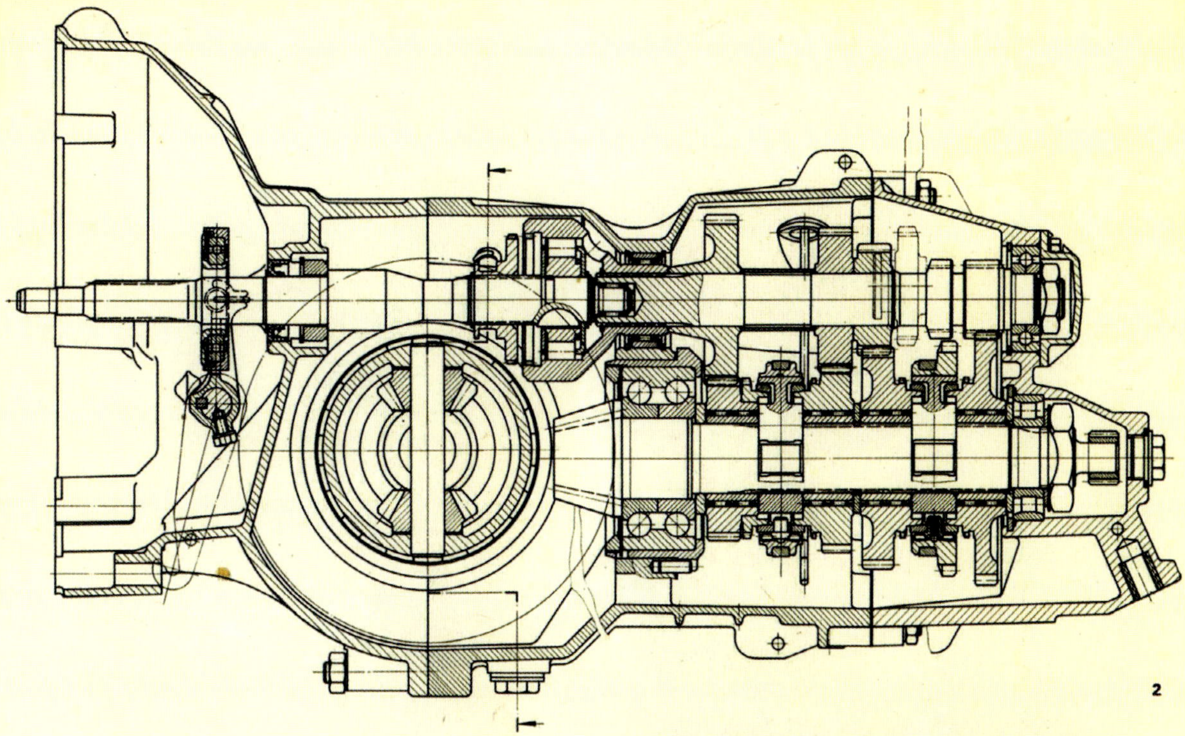

2

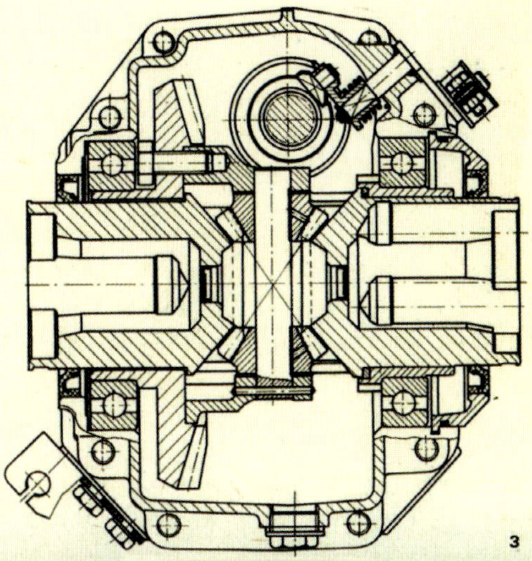

3

4

Bild 2 und 3 Längs- und Querschnitt durch das Getriebe 353

Bild 4 Konstruktionseinheit Kegelradwelle

1968

- Ab März 1968 wurden die Reifen 6.00-13 schlauchlos Profil P 29 Schritt für Schritt in die Wartburg-Serienfertigung eingeführt.

▲ *Besitzerstolz: Wer 1968 einen neuen Wartburg fuhr, gehörte zur sozialistischen Oberklasse.*

1969

- Ab Mai 1969 war wieder einmal eine Leistungssteigerung des alten Dreizylinder-Zweitakters, der in seiner Urform inzwischen 30 Jahre auf dem Buckel hatte, fältig. Mit neuem Vergaser (40 F 1-11), neuer Zündkerze (M 18 - 240) und vor allem der Kurbelwelle mit vollen Hubscheiben und Drehschwingungsdämpfer leistete der jetzt 353/1 genannte Motor 50 PS bei 4250 U/min. Zur Bewältigung der zusätzlichen Kraft wurde gleichzeitig die Kupplung überarbeitet und der vierte Gang kürzer übersetzt. Eine kleinere Kraftstoffpumpe ergänzte das Motorenprogramm im Juli.
- Im Juni 1969 wurden neue Rundinstrumente mit großem Tacho (Tageskilometerzähler für de Luxe) und kleinen Temperatur- und Kraftstoffanzeigen fürs Armaturenbrett eingeführt.

▲ *Während zuvor die Höchstgeschwindigkeit des Wartburg 353 mit 125 km/h angegeben wurde, reichte es jetzt mit dem 50-PS-Motor zu 130 Spitze.*

▲ *Der neue 50-PS-Motor wies in vielerlei Hinsicht Verbesserungen auf, im Grunde blieb es aber der einfache Dreizylinder-Zweitaktmotor.*

▲ *Die neuen Rundinstrumente auf dem Armaturenbrett wurden im Sommer 1969 eingeführt.*

1971

- Ab Januar wurden die Felder der Rückleuchten neu aufgeteilt und neue Kugellampen mit 21 Watt für Bremslicht, Blinker und Rückfahrscheinwerfer ersetzten die alten 18-Watt-Sofitten.
- Neue Radkappen mit mittiger Erhebung kamen ab März an die Räder.
- Ab August konnten wahlweise Diagonalreifen 6.00-13 mit ProfilP 35
- oder gegen 190 Ostmark Aufpreis Radialreifen 165 SR 13 mit Profil P 33 geordert werden.
- Ab September fasste der Kühler nur noch 7,5 statt der bisherigen 8,2 Liter. Außerdem wurde zusammen mit dem bereits vorgestellten Sonderwunsch-Paket nach und nach unter anderem der Außenspiegel vergrößert (jetzt rechteckig, Serie ab März 72), die Stoßhörner in Gummi gefertigt, neue Wischerfahnen aufgesetzt und neue Humpfelgen (4 ½ J 13 H 1) auf die Naben geschoben.

▲ *Wurde jetzt von hinten besser gesehen: Der Wartburg 353 mit neuer Heckleuchtenanordnung und stärkeren Lampen ab Januar 1971.*

▲ *Armeegeneral Heinz Hoffmann, gleichzeitig auch Verteidigungsminister der DDR, nimmt mit seiner Frau den Wartburg in Augenschein. Für sie wäre das Auto wohl o. k. gewesen, als Dienstwagen für den General war es aber zu popelig.*

▲ *Vorstellung des Wartburg auf der Leipziger Herbstmesse 1971 mit dem Sonderwunschpaket und unter anderem neuen Stoßhörnern, neuen Radkappen, neuen Felgen und Reifen. Die Entlüftungsschlitze mit Plastikabdeckung in der C-Säule kamen erst ab Januar 1972 zum Einsatz.*

1972

- Ab Januar saß je ein schwarzer Plastikentlüfter in den C-Säulen.
- Vorerst nur für Exportfahrzeuge gab es ab Juni eine Warnblinkanlage.

1973

Für alle Wartburg-Varianten (auch rückwirkend bis zum Modell 312) wurde ab Januar das Benzin-Ölgemisch 1:50 (bisher 1:33) freigegeben.

▲ *In einem Prospekt von 1973 soll dieses Bild die hohe Exportfähigkeit des Wartburg demonstrieren. Im Laufe der folgenden Jahre gingen die Auslandslieferungen aber stetig zurück.*

1974

- Ab Februar größerer Innenspiegel (»Panoramaspiegel«) und geänderte Sonnenblenden.
- ab Sommer Diagonalreifen 6.00-13 mit Profil P 36 und asymmetrische Humpfelgen 4 ½ J 13 H 1 Bj 45.

▲ *Ein IFA-Auslieferungslager 1974. Wer diesen heiligen Ort betreten durfte, hatte auf seinen Wartburg bereits rund sieben Jahre gewartet.*

1975

Nach fast neun Jahren sollte es eigentlich ein komplett neues Fahrzeug aus Eisenach geben und wäre es nach den Ingenieuren und Konstrukteuren gegangen, hätte ein Nachfolger längst auf den Rädern gestanden. Aber das hatten die Eisenacher nicht zu entscheiden (siehe auch nächstes Kapitel) und so reichte es ab März 1975 nur zum Wartburg 353 W, wobei der angefügte Buchstabe für »Weiterentwicklung« stand. Das hieß kurz zusammengefasst: Der Motor hatte eine 500 Watt- Drehstromlichtmaschine erhalten, blieb aber ansonsten unverändert. Diverse Sicherheits- und Modernisierungspakete, wie zum Beispiel eine neue Zweikreis-Bremsanlage mit Scheibenbremsen, ein lastabhängiger Bremskraftregler. eine ECE-gerechte Lenksäule mit Abscherkupplung, H4-Hauptscheinwerfer, eine neue Instrumententafel mit modernisierter Gerätekombination und Sicherheitsgurte mit Einhandbedienung. Die Limousine Standard kostete jetzt 16.950 Ostmark, die de Luxe- Limousine 17.950 Ostmark, der Tourist Standard 17.700 und der Luxus- Kombi 18.700 Ostmark. Dazu konnte gegen Aufpreis eine große Anzahl Sonderoptionen geordert werden, auch ein farbig abgesetztes Dach war für 150 Mark extra wieder möglich.

▲ *Der Wartburg Tourist war die beliebteste Export-Variante. Mit dem Weiterentwicklungspaket von 1975 konnten zumindest die Verkaufszahlen für die Ostblock-Staaten vorerst stabilisiert werden.*

▸ *Die Zeitschrift Kraftfahrzeugtechnik hatte das neue Cockpit des Wartburg 353 W auf ihrer April-Titelseite von 1975.*

INDUSTRIEVERBAND · IFA · FAHRZEUGBAU DER DDR
Instrumententafel
im weiter-
entwickelten
WARTBURG 353 W
aus Eisenacher
Serienproduktion

▲ *Letzte Station: Vor der Ausfahrt aus der Montagehalle wurde jeder Wartburg einer gründlichen Endkontrolle unterzogen.*

1977
Im Laufe des Jahres wurden unter anderem größere Außenspiegel mit Kunststoffgehäuse, ein Windabweiser für das Schiebedach, ein Bugspoiler mit Nebelscheinwerfern (Option) und Sportsitze mit Kopfstützen (Option) serienwirksam.

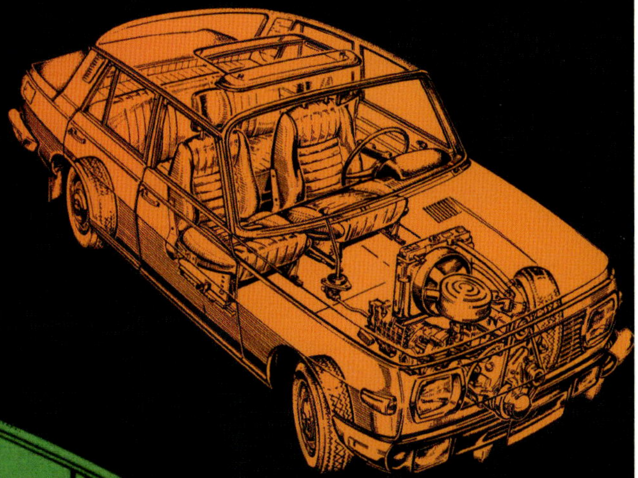

▲ *Mehrere Röntgenzeichnungen des bekannten Künstlers Werner Reiche entstanden auch vom Wartburg 353 W. Die grüne Zeichnung stand für die wesentlichen Konstruktionsmerkmale, die orangefarbene präsentierte die Sonderausstattungen unter anderem mit Schalensitzen und Knüppelschaltung.*

▲ *Die Neuerungen des Jahrgangs 77 wie Kopfstützen, Windabweiser vor dem Schiebedach und Nebelscheinwerfer im Bugspoiler.*

1979

Für manche war es eine Sternstunde in Sachen Einsparung teurer Rohstoffe, andere hatten zu dieser Zeit für jegliche Verbesserungen am Wartburg sowieso nur noch ein müdes Lächeln übrig: Mit dem Aufbrauchen der Lagerbestände verschwanden Anfang des Jahres 1979 die seit mehr als 20 Jahren in wechselnden Formen an Eisenacher Pkw-Räder geklemmten Radkappen. Sie wurden nun von dunklen Plastikkappen auf Radnabe und Radmuttern ersetzt.

1980

- Ab Februar waren optional Stahlgürtelreifen 165 SR 13 P 33 erhältlich.
- Ab März wurden rechteckige Pedale im Fußraum eingebaut.
- Die Nebelschlussleuchte wurde ab Juni links unter der Stoßstange montiert.

▲ *Die Heckansicht des Wartburg Tourist zeigt die Anbringung der Nebelschlussleuchte ab Juni 1980.*

1981

Im Sommer 1981, sechs Jahre nach Einführung des Modells 353 W, wurden noch einmal einige wesentliche Änderungen wirksam:

- neue Vordersitze mit einsteckbaren Kopfstützen (de luxe)
- Drehstromlichtmaschine mit elektronischem Regler
- neue Scheinwerfer mit Verstellung im Motorraum
- PUR-Lenkrad
- schwarze Plasttürgriffe außen
- neue Felgen 4 ½ J x 13 H 1 Bj 45 ohne Wölbung

▲ *Die de luxe-Limousine von 1981, schon mit den neuen Kopfstützen, aber noch den alten Gummistoßhörnern.*

▲ *Blick in das Innenleben einer Wartburg de luxe-Limousine von 1981.*

1982

- Ab März Wegfall der Gummistoßhörner auf der Stoßstange.
- Ab Mitte Juni neuer Vergaser (Jikov SEDR 32) in Verbindung mit neuem Ansaugtrakt und neuer Abgasanlage.
- Auf der Leipziger Herbstmesse wurde ein neues Kombiinstrument mit Kraftstoffmomentan-Verbrauchsanzeige vorgestellt, das aber erste 1983 serienwirksam wurde.

▸ *Im März 1982 entfielen die Gummistoßhörner auf der vorderen Stoßstange und wurden durch kleinere Plastikteile ersetzt.*

▲ *Das Wartburg-Farbprogramm 1981/82.*

samtocker
biberbraun
caprigrün
flammenrot
atlasweiß
zitrusgelb

▲ *Berlin, Hauptstadt der DDR, 1982.*

1984

- Aus dem de Luxe-Modell wurde jetzt der Wartburg 353 S, unter anderem mit serienmäßiger Knüppelschaltung. Der de luxe-Schriftzug entfiel.
- Alle bisher chromglänzenden Teile wurden jetzt schwarz: Stoßstangen, Zierleisten und der Grill mit den Lampeneinfassungen.

▲ *Die Wartburg-Modellpalette von 1984; alle bisherigen Chromteile waren jetzt schwarz.*

▲ *Ein Wartburg 353 im Jahre 1984 in der ungarischen Stadt Köszeg.*

1985

- Der schwarze Grill hatte nur 18 Monate Bestand, ab 30. Juni 1985 kam ein neues Frontmittelteil mit eingebundenen Scheinwerfern zum Einsatz, das in der Regel in der Wagenfarbe lackiert war.
- Gleichzeitig wurde der Kühler vom aktuellen Skoda 105 / 120 mit Elektrolüfter eingebaut, was den Wegfall des Lüfterrades am Zylinderkopf zur Folge hatte.
- Vorn und hinten erhielt der Wartburg neue Stoßstangen mit kurzen Ecken.
- Im Innenraum gab es jetzt eine kleine Mittelkonsole für die Heizungs-Lüftungsbetätigung und eine neue Ablage
- Am 1. Oktober wurde der einmillionste Wartburg 353 montiert.

Weitere Änderungen, wie etwa ein neues Lenkgetriebe ab Januar 1987, waren schon der bevorstehenden Einführung des Wartburg 1.3 geschuldet.

Die letzte 353-Limousine lief am 30. September 1988 vom Band, die Fertigung der Modelle Tourist, Trans und MED endete am 01. März 1989.

▲ *Die neue Bugpartie erhielt der Wartburg ab Juli 1985.*

▲ *Des Autors DDR-Traumwagen: Wartburg 353 W Tourist von 1985 in Caprigrün.*

Technische-Information

VEB Automobilwerk
Eisenach · DDR
Betrieb des VEB IFA-Kombinat PKW

IFA Wartburg **A 8/84**

Deutsche Demokratische Republik

DDR 5900 Eisenach, Dezember 1984

Weiterentwicklungsmaßnahmen

Ab Mai 1985 werden am PKW Wartburg 353 W und Wartburg 353 S in Verbindung mit den Tourist-Varianten und dem Wartburg-Trans folgende Änderungsmaßnahmen des Modells 1985 serienwirksam. Bei diesen Weiterentwicklungsmaßnahmen wurden im wesentlichen folgende Zielrichtungen eingeschlagen:

- Senkung des Kraftstoffverbrauches und der Schadstoffemission
- Modernisierung der Außengestaltung
- Verbesserung der Gestaltung des Innenraumes
- Verbesserung der Bedienbarkeit
- Erhöhung der Betriebssicherheit und der Nutzungsdauer
- Senkung des Geräuschniveaus
- Verbesserung des Masse-Leistungsverhältnisses

Im einzelnen werden folgende Änderungen serienwirksam:

1. Elektronische Batteriezündanlage (EBZA 2 s)
2. Stop-Start-Anlage
3. Kupplung T 180/120 mit Bandmitnahme und zentralgeführtem Wälzlagerausrücker
4. Neues Frontmittelteil mit integriertem Ziergitter, angepaßter Stoßstange und neuen karosserieformgebundenen Einbauscheinwerfern
5. vorn liegender neuer Kühler mit elektrischem Kühlluftgebläse
6. kurze Mittelkonsole in Verbindung mit neuer Ablage

In den nachfolgenden Technischen Informationen werden wir Sie laufend über die Besonderheiten dieses Ausstattungspaketes informieren.

Von unserer Seite wird zur Zeit die 7. Auflage des Ersatzteilkataloges erarbeitet. Weitgehend werden alle geänderten Sachnummern für das Ausstattungspaket 5/85 in diesem Katalog eingearbeitet. Voraussichtlich kommt dieser Katalog mit Beginn des II. Quartales 1985 zur Auslieferung, so daß Ihnen weitgehend alle Sachnummern ab diesem Zeitpunkt bekannt sind.

Montage des Drucktasters

Von seiten des VEB Bremshydraulik Limbach-Oberfrohna wurden wir darauf hingewiesen, daß die Montage des Stoplichtschalters STD/1 F nach TGL 23410 die Lebensdauer dieses Drucktasters wesentlich beeinflußt. Das Fehlanschließen des Drucktasters führt zur Senkung der Lebensdauer. Es ist unbedingt darauf zu achten, daß die Anschlüsse am Drucktaster richtig gewählt werden. (Kontaktfahne plus ist mit + gekennzeichnet.)

Manschetten für Knüppelschaltung

Ab Januar 1985 soll die derzeit verwendete Gummimanschette (Sach-Nr. 53 03700 703) im Fahrgastraum durch eine Kunstledermanschette ersetzt werden. Diese Manschette kommt in zwei Farbvarianten zum Einsatz, wobei die braune Ausführung für die Sonderwunschvariante Ausstattung mit Textilteppich vorgesehen ist. Diese Manschetten werden unter folgenden Sachnummern gehandelt:

Manschette schwarz	**Sach-Nr. 53 03751 302**
Manschette braun	**Sach-Nr. 53 03751 311**

Die Manschetten sind austauschbar.

Montage Schmutzfänger vorn

Infolge der Anordnung des Gummilappens vor dem Halter (in Fahrtrichtung gesehen) konnte es an dem vorstehenden Absatz zu starker Schmutzablagerung kommen. Um dieser Schmutzansammlung zu begegnen und Korrosionserscheinungen entgegen zu wirken, wird der Gummilappen des Schmutzfängers in Fahrtrichtung hinter dem Halter montiert.

Verkleidung Dachsäule

Beim Einziehen der Heckscheibe ist es vereinzelt vorgekommen, daß die Dachsäulenverkleidung im unteren Bereich beschädigt wird bzw. daß sich die Dichtlippe des Gummirahmens auf den Rand der Dachsäulenverkleidung legt. Damit ist vereinzelt die Funktion der Abdichtung nicht gewährleistet. Zur Vermeidung dieser Erscheinung wird der Beschnitt in dem betreffenden Bereich tiefer ausgeführt. Bei eventuellen Reparaturen bitten wir, dies zu beachten.

▸ *Die Technische Information des Automobilwerks vom Dezember 1984 wies auf die im Folgejahr wirksam werdenden »Weiterentwicklungen« hin.*

▲ *Ein letzter Blick in das Innen- und Außenleben des Wartburg 353 W in einem Gesamtprospekt von 1986.*

Irrtümer und vergebene Chancen

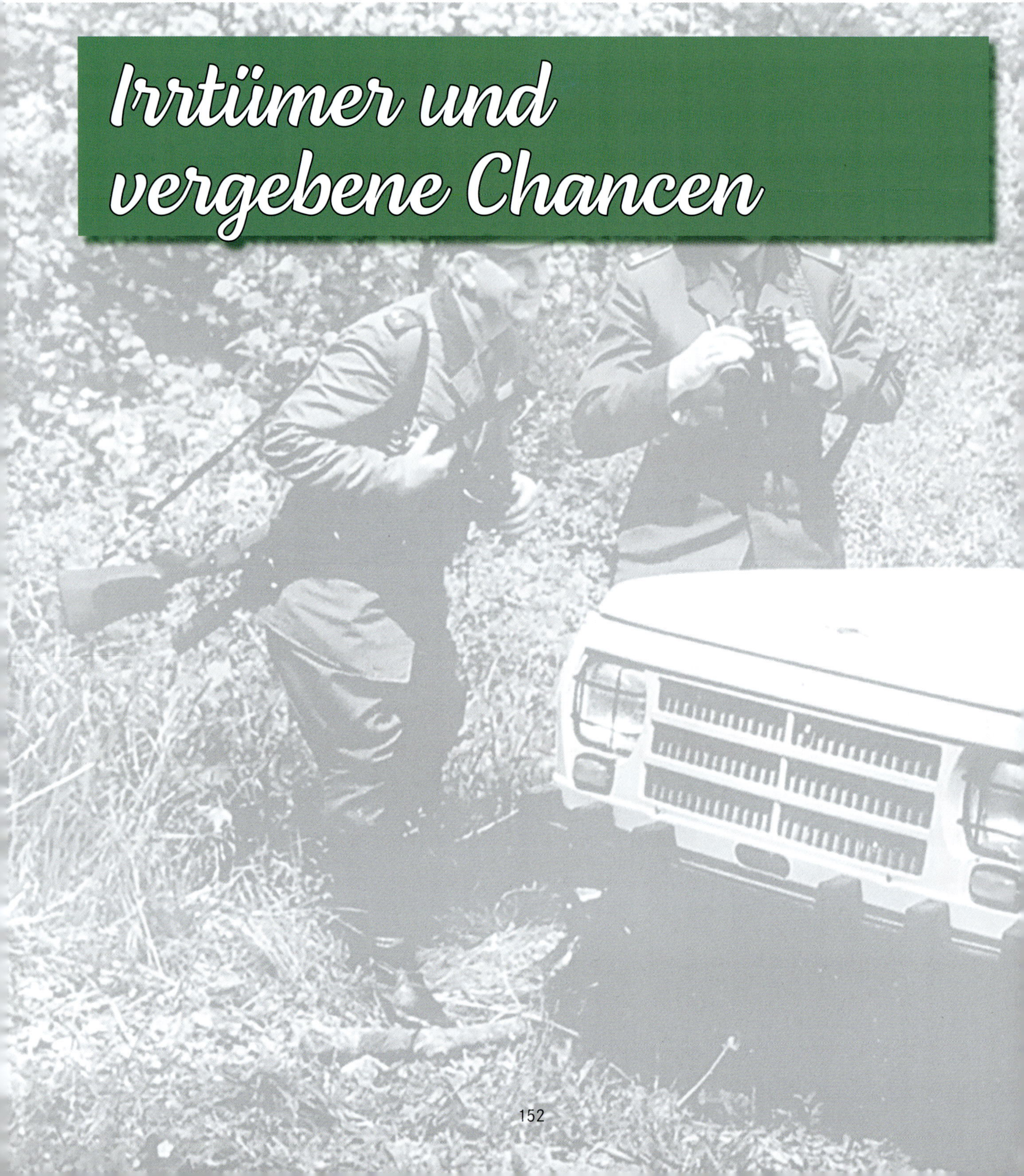

Der Wartburg 311 mit seinen vielen Varianten machte den DDR-Kraftfahrzeugbauern Mut, neue Herausforderungen anzunehmen. So gab es bald Überlegungen, mit der Entwicklung eines für die ostdeutsche PKW-Produktion völlig neuen Konzepts die bestehenden Modelle abzulösen.

▲ *Ende der 1950er Jahre war dieser in Eisenach entwickelte Viertakt-Boxermotor mit 1088 cm^3 als Alternative zum Zweitakter nahezu serienreif und hätte problemlos im Wartburg 311 untergebracht werden können. Hätte, hätte…*

Das Projekt »P 100«

Nachdem es schon 1960 Gespräche zwischen den Zwickauer und Eisenacher Automobilwerken gegeben hatte und erste Entwürfe auf den Zeichenbrettern entstanden waren, erteilte die VVB Automobilbau am 07.Februar 1961 beiden Werken den Auftrag, je einen Prototyp bis 30. Juni des gleichen Jahres fertigzustellen. Der Termin wurde gehalten! Beide Fahrzeuge waren mit modern geschnittener, selbsttragender Karosserie und Schraubenfedern ausgeführt. Die Wagen hatten eine hydraulische Lenkhilfe und wogen rund 900 kg. Während das Eisenacher Modell nach dem Vorbild des vermeintlichen Trendsetters Volkswagen einen Unterflur-Heckmotor bekam - hier kam der 1000-ccm-Dreizylinder-Zweitakter zum Einsatz - wurde dem Fahrzeug aus Sachsen das gleiche Triebwerk längs, die Vorderräder antreibend, eingebaut. Die Karosserien unterschieden sich vor allem im Fenster- und Dachaufbau. Der Frontantrieb wurde letztlich favorisiert, nicht zuletzt, weil bereits über einen Kreiskolbenmotor laut nachgedacht wurde. Aber davon war man noch weit entfernt; der P 100, wie man den Prototypen nannte, sollte, eben entsprechend dieser Bezeichnung, einen Einliter-Viertakt-Ottomotor bekommen, dessen Entwicklung im ZEK in Chemnitz beinahe abgeschlossen war; ein Funktionsmuster wurde als Einzylinder 1962 fertig gestellt.

▲ *Der Prototyp des Wartburg P 100 mit querliegendem Dreizylinder-Zweitaktmotor vor der Hinterachse.*

Nach der Vorstellung der Prototypen herrschte für eine kurze Zeit größte Euphorie; schon war die Serienproduktion (Dach, Motor- und Kofferhaube aus Duroplast) für 1967 im Gespräch. Doch dann brauchte es nur eine Woche und der P 100 war Geschichte. Berlin hatte entschieden: Alle Dokumente waren zu vernichten, die Versuchsfahrzeuge zu verschrotten. Diese Art der Entscheidung hatte in den folgenden Jahrzehnten mehr und mehr Methode. Wie auch der Dilettantismus, mit dem Parteifunktionäre Wirtschaftspolitik betrieben.

▸ *Die Heckpartie weist unverkennbar Ähnlichkeiten mit dem Hinterteil des Wartburg 313/2 auf.*

Das Sportcoupé 313/2

Parallel mit dem P 100 in der Eisenacher Version entstanden auch zwei Prototypen 313/2. Das zweisitzige Sportcoupé mit dem bewährten 50-PS-Zweitakter als Unterflur-Heckmotor sollte den Wartburg 313/1 ersetzen, wurde aber zusammen mit dem P 100 von den Planwirtschaftlern verworfen.

▼▸ Davon überzeugt, dass der 313/2 in Serie gehen würde, entstanden 1961 zahlreiche Werbefotos vom neuen Eisenacher Sport-Roadster.

Kreiskolbenmotoren – ein Irrweg

Während die Thüringer gerne einen Viertaktmotor gebaut hätten, verliebte (und verrannte) man sich andernorts in den gerade von Felix Wankel halbwegs serientauglich gemachten Kreiskolbenmotor. Plötzlich floss reichlich Geld aus der Hauptstadt und bei MZ in Zschopau und dem ZEK in Karl-Marx-Stadt begannen Zweitaktspezialisten mit der Kreation eigener Kreiskolbenmotoren. 1963 wurden die Entwicklungsarbeiten dann von Chemnitz nach Zwickau ins Sachsenring-Werk verlegt. Dort wurde bald ein Kreiskolbenmotor mit 550 ccm Hubraum, der bei 5000 U/min rund 50 PS leistete, favorisiert. Allerdings: Gehäuserisse, Hohlradschäden und andere Probleme ließen eine Serienfertigung noch längst nicht zu. Da man dieser Mängel nicht Herr zu werden glaubte, plädierten die meisten mit der Entwicklung betrauten Techniker für eine Wankel-Lizenznahme von NSU in Neckarsulm. Die Wirtschaftslenker des SED-Staates, in den vermeintlichen Antrieb der Zukunft vernarrt, gaben grünes Licht, und so wurde nach fast 15 Monaten Verhandlungsmarathon am 18.Februar 1965, gegen die Stimmen einiger führender Motorenspezialisten in der DDR, der Vertrag in der Neckarsulmer Chefetage unterzeichnet.
Ein teures Dokument, das die Volkswirtschaft Ostdeutschlands schwer belastete. 3,5 Millionen Mark (West) waren auf zwei Jahre gestreckt sofort zu zahlen. Dazu kamen jährlich steigende Lizenzgebühren, die sich ebenfalls schnell zu siebenstelligen Beträgen addierten.
Betreten mussten die Konstrukteure auch sehr bald feststellen, dass man bei NSU mit denselben Problemen kämpfte, die die Lizenznahme als zwingend hatten erscheinen lassen. Dennoch wurden die Arbeiten mit Hochdruck fortgesetzt und der Motor, zunächst für den Wartburg, dicht an die Serienproduktion herangeführt. Aber die Stimmung begann bereits umzuschlagen. Zum einen rückte durch eine neue Wirtschaftsstrukturpolitik der Automobilbau in der DDR ins hinterste Glied, zum anderen gewannen die Gegner des Kreiskolbenmotors, die einen Viertakt-Ottomotor forderten, die Oberhand. Der internationale Stimmungswandel contra Wankelmotor besiegelte schließlich das endgültige Aus: Am 24.Juni 1969 wurde der Lizenzvertrag mit NSU gekündigt.
Viel Geld (zuletzt 200 000 Westmark, noch 1971 von NSU erstrittene Lizenzgebühren) und Zeit waren auf der Strecke geblieben. Beides damals mit mehr Überlegung in die Automobilentwicklung investiert, hätte die Geschichte des DDR-Automobilbaus auf andere Gleise leiten können. Davon sind zumindest die Gegner des KKM von damals noch heute überzeugt.

▲ *Dieser NSU-Kreiskolbenmotor mit 2 x 497 cm³ Kammervolumen, der 110 PS bei 6000 U/min leistete, wurde 1966 zu Versuchszwecken in einen Wartburg 353 eingebaut. (Foto: Alf van Beem)*

Der Wartburg 355

Schon 1963 hatten die Konstrukteure im Zwickauer Trabant-Werk mit ernsthaften Arbeiten an einem Trabi-Nachfolger begonnen, für den eben unter anderem der oben genannte Kreiskolbenmotor vorgesehen war und der eine sehr moderne, selbsttragende, dreitürige Vollheckkarosserie, wie sie ähnlich später der erste Golf erhielt, bekommen sollte. Dieses Karosseriedesign adaptierten die Eisenacher und freuten sich später, dem VW Passat zuvorgekommen zu sein. Während in Zwickau ein komplett neues Auto entstehen sollte, beließen es die Eisenacher bei der Karosserie, die auf den bewährten Wartburgrahmen gesetzt wurde. Das Interieur ebenso wie der Antrieb stammten ebenfalls vom Wartburg 353. Von diesem Wartburg 355 genannten Modell entstanden 1969 insgesamt sechs Fahrzeuge mit Kunststoffkarosserie, eines davon war mit einem Renault-Viertaktmotor bestückt. Ein Auto für die Playboys in unserem Land, verlautete es aus hohen Parteikreisen und da man in der DDR keine Playboys brauchen konnte, war auch das Auto schnell ad acta gelegt.

▲ *Die übrigen fünf Prototypen des Wartburg 355 waren mit dem altbekannten Dreizylinder-Zweitaktmotor bestückt.*

▲ *Prototyp des Wartburg 355 mit 74 PS leistendem 1,4-Liter-Renault-Motor und glasfaserverstärkter Kunststoffkarosserie.*

Jagdwagen aus Eisenach

Eine völlig andere Art von Playboys lebte im SED-Prominentenghetto in Wandlitz, nahe Berlin. Für die Jagdausflüge dieser Jungs lieferte Eisenach 1970 sieben Jagdwagen an den dortigen Forstwirtschaftsbetrieb. Der Wartburg 400 Jagdwagen nutzte die Bodengruppe, den kompletten Antrieb und Teile des Aufbaus vom Typ 353. Die Türen ließen sich komplett aushängen, die Bodenfreiheit war deutlich erhöht worden und eine durchgehende Bodenwanne aus Kunststoff sollte Fahrten durch tieferes Wasser erleichtern. Ein solches Fahrzeug hätte sicher manch betuchtem DDR-Bürger oder Exportkunden gefallen, indes die Fertigung dieser Fahrzeuge war fern jeder Kosten-Nutzen-Rechnung.

▲ *Den Wartburg-Jagdwagen Typ 400 hätte sich der DDR-Außenhandel gut als Exportfahrzeug vorstellen können, letztendlich landeten die wenigen Exemplare des Eisenacher Jagdwagen-Modells bei hohen Funktionären von Partei und Stasi.*

Das RGW-Gemeinschaftsauto

Nach 1970 waren politische Entscheidungsträger der Meinung, dass sowohl die Eigenproduktion von Viertaktmotoren als auch eine auf die DDR beschränkte Weiterentwicklung von Karosserie und Chassis viel zu teuer kämen. Ein RGW-Projekt (Rat für gegenseitige Wirtschaftshilfe, das osteuropäische Gegenstück zur EWG) war es, für das sich führende Wirtschaftspolitiker jetzt, vor allem anfangs, stark machten. Ein »Gemeinschaftsauto« sollte es werden, was letztlich an tschechischen und ostdeutschen Autobauern hängen blieb. Bis auf Ungarn, das zur Lieferung einiger Baugruppen herangezogen werden sollte, zeigten die anderen Ostblockstaaten dem Projekt nur die kalte Schulter.

Die Karosserie- und Fahrwerksentwicklung sollte in der DDR betrieben werden, die ČSSR hatte vor allem den Motor und die Scheibenbremsen beizusteuern.

Die technische Konzeption des Fahrzeugs, mit dessen Serienstart nicht vor 1979 zu rechnen war, las sich wie folgt: Die Karosserie war wieder in Vollheckausführung, jetzt zwei- und viertürig vorgesehen; statt der weit öffnenden Hecktür sollte es aus Kostengründen nur eine unpraktische Kofferklappe geben. Dafür war aber wieder ein Kombi im Gespräch und der Kübelwagen war inzwischen sowieso unentbehrlich.

Die vorn einzeln aufgehängten Räder sollten von einem 50 PS leistenden 1,1-Liter-Viertaktmotor (als Trabant-Nachfolger) und einem 60 PS starken 1,3-Liter-Motor (Eisenach) angetrieben und von Scheibenbremsen verzögert werden. Ein erster Prototyp mit der Bezeichnung P 760 wurde im Frühjahr 1973 präsentiert. Wegen seines etwas plumpen Aussehens hatte er schnell den Spitznamen »Hängebauchschwein« bekommen.

Am 29.März 1973 bestätigte der Chef des Ministerrats, Willi Stoph, nochmals die Beschlussvorlage und legte sie fünf Tage später im Politbüro vor. Dort wurde das Projekt, wieder einmal auf Betreiben des »Wirtschaftsexperten« Günter Mittag, mit fadenscheinigen und vor allem kurzsichtigen Begründungen verworfen. Unter anderem hieß es: »In der vorliegenden Konzeption wird die Produktionsentwicklung einerseits aus dem so genannten »Staubedarf 1980« in Höhe von 1,25 Mill. Stück abgeleitet. Die Höhe dieser Bedarfszahlen kann schwanken, da Doppel- bzw. spekulative Anmeldungen nicht exakt feststellbar sind.

Andererseits wird die Produktionshöhe von 300 000 Stück mit der nicht bewiesenen Annahme begründet, dass sich der Pkw-Bestand pro 1000 Einwohner von 66 im Jahre 1971 auf 250 in den Jahren nach 1990 entwickeln soll. Eine solche Bestandsentwicklung würde bedeuten, dass 1990 bei uns der Ausstattungsgrad mit PKW um etwa 15 % über dem heutigen Niveau in der BRD liegen würde.«

Tatsache war dann ein Pkw-Bestand im Jahre 1990 von 475 pro 1000 Einwohner in Westdeutschland und 216 in der DDR. Und da war seit November 1989 schon so mancher Wagen von West nach Ost gerollt.

▲ *Ob Eisenach oder Zwickau: Der nicht sonderlich hübsche P 760 wies äußerlich keine Unterschiede auf, in der Motorisierung aber schon.*

Das RGW-Gemeinschaftsauto Teil II

Kaum war der P 760 vom Tisch, wurde ein neuer Anlauf genommen, der wieder die gleichen Partner zusammenbrachte: Skoda, AWE und Sachsenring saßen im Spätsommer 1973 über neuen Plänen und beratschlagten vor allem darüber, wie sie stärker auf die staatlich verordnete Kostenbremse treten könnten. Denn möglichst ohne größere Kredite sollte die nun für 1984 vorgesehene Serienproduktion mit nur 240 000 Einheiten pro Jahr (!) vorbereitet werden. Allein durch diese Tatsache war auch der letzte ernstzunehmende Wartburg-Nachfolger zum Scheitern verurteilt. Denn die ehrgeizigen Pläne der Konstrukteure kosteten erneut Geld: Das Fahrzeug sollte wie sein Vorgänger der unteren Mittelklasse zugeordnet und auf einem Radstand von 2380 mm eine moderne Karosserie in Fließ- und Stufenheckausführung gesetzt werden, selbstverständlich selbsttragend und komplett aus Stahlblech. Für die Motorisierung waren ein Skoda-Motor mit 1,1 und ein Dacia-Triebwerk mit 1,3 Litern Hubraum (45 und 60 PS) sowie ein in der DDR zu entwickelnder Dieselmotor vorgesehen.
Wieder wurde emsig am Projekt P 1100/1300 (der erste Prototyp P 610 unterschied sich nur unwesentlich vom P 760) gearbeitet und die Pflichtenhefte beinahe termingerecht durchgeblättert. So lief bis Ende 1978 alles nach Plan und die Autobauer waren wieder einmal sehr optimistisch.
Aber schon wenige Wochen später kam auch dieses Vorhaben »wegen nicht einzuordnenden Kosten« an der Endstation Politbüro zum Stehen.

▲ *Der Wartburg 610 M mit 1300-ccm-Dacia-Motor und selbsttragender Karosserie ähnelte sehr den Skoda-Typen 105/120.*

Der Wartburg 360

Bleibt noch nachzutragen, dass in Eisenach »zu Ehren des 25. Jahrestages der Gründung der DDR« ein Fahrzeug entwickelt worden war, das am 3. Oktober 1974 der Öffentlichkeit als Prototyp vorgestellt wurde. Das Modell Wartburg 360 war auf der Basis des Vorgänger-Prototypen P 760 entstanden, hatte eine selbsttragende Karosserie, einen Skoda-Motor und auch das Aussehen der damals aktuellen Skoda-Reihe 105/120.

▲ *Anlässlich des 25. Jahrestages der Gründung der DDR präsentierte Eisenach den Wartburg 360, der sich konstruktiv noch an den P 760 anlehnte.*

Der Wartburg 1.3

▲ *(Foto: Stadtarchiv Eisenach)*

In der DDR waren Autowerker und Zulieferer nach 1980 längst nicht mehr in der Lage, ein Antriebsaggregat für einen PKW nach geltenden internationalen Standards in Serie herzustellen. Die Jahre sozialistischer Lethargie hatten vielen Bereichen der Wirtschaft ihre Konkurrenzfähigkeit genommen und so mancher Betrieb leistete schon Jahre vor der politischen Wende seinen Offenbarungseid. Dazu kam, dass es für diverse Bauteile, die in modernen PKW-Motoren ihre Verwendung fanden, in der DDR keine geeigneten Produzenten gab.

Verhandlungen mit VW

Von Juni bis November 1983 wurden zwischen IFA- und VW-Vertretern erste Verhandlungen geführt, die eine Basis für die Lizenzproduktion von VW-Motoren in der DDR schaffen sollten. Die ostdeutsche Regierung sah dies als die billigste Variante an, um zu einer eigenen, modernen PKW-Fertigung, angetrieben von Viertakt-Otto- bzw. Diesel-Motoren, zu kommen. Gegenstand der Verhandlungen war eine gebrauchte, aber überholte Anlage zur Motorenfertigung, die mit der Lieferung von Rumpfmotoren an VW sowie einer Zwangsabnahme von 2200 VW-Transportern bezahlt werden sollte. Ein Otto- und ein Diesel-Motor waren zur Fertigung vorgesehen, ersterer in zwei Hubraumgrößen (1,05 und 1,3 Liter), jeweils zum Einsatz in die Trabant- und Wartburg-Nachfolger. Der Diesel mit 1,3 Liter sollte in beiden Fahrzeugklassen zum Einsatz kommen.

Der Vertrag und die Folgen

Am 12.November 1984 wurde der Vertrag über die Lieferung von Rumpfmotoren des VW-Typs EA 111 aus der Produktion des VEB Barkas-Werke an Volkswagen abgeschlossen. Ab April 1987 sollte der Benziner und ein Jahr später der Diesel in Serie gehen.

Zehn (!) Industrieministerien waren nun damit beschäftigt, für 510 Zulieferteile, von denen 389 erst noch zu entwickeln waren, geeignete Betriebe auszusuchen oder Importe festzulegen.

Eine erste Hochrechnung ergab einen Finanzbedarf von 3,7 Milliarden Ostmark. 1986, nachdem detailliertere Pläne für die zu fertigenden Motoren vorlagen, wurde neu kalkuliert. Die errechnete Summe war ein Schock für alle Beteiligten: 9,7 Milliarden Ostmark bedeuteten fast das Ende auch dieses, staatlich angeordneten, Projektes. Wie kam es zu dieser doch so gravierenden Fehleinschätzung? Sie lag hauptsächlich in der Überbewertung der Leistungskraft der involvierten Betriebe begründet. Wie oben bereits beschrieben, waren viele Firmen nicht in der Lage, die zu liefernden Teile in der geforderten Qualität oder letztlich überhaupt zu fertigen. Die geforderten Qualitätsnormen ISO 9001 bis 9004 konnten nur mit oftmals enormen Investitionen gesichert werden. Viele Hersteller mussten im Verlaufe der Vorbereitungen passen, sie waren auch mit Geld nicht mehr zu retten. Es kam zu zahllosen Vertragskündigungen, die irgendwie wieder kompensiert werden mussten, wie zum Beispiel mit Importen. Ein weiterer, wesentlicher Punkt der Kostenexplosion. Nicht nur Bauteile, sondern ganze Fertigungsanlagen, weit über den ursprünglich gesteckten Rahmen hinaus, mussten im oft westlichen Ausland eingekauft werden.

Eine Vertragsänderung drückt die Kosten

Durch eine Vertragsänderung, die den mit Wolfsburg vereinbarten Liefertermin um sechs Monate hinausschob und die Fertigung des Diesel-Motors zunächst ganz ausklammerte, konnten die Kosten schließlich auf 7,96 Milliarden Ostmark gedrückt werden. Trotz des hohen Anteils von 2,1 Milliarden Valuta-Mark (faktisch mit der Deutschen Mark, die es zu dieser Zeit im offiziellen Sprachgebrauch der DDR nicht gab, gleichzusetzen) für westliche Importe, wurde die höchste Investitionssumme der DDR-Geschichte letztlich von oberster Stelle abgesegnet, die dann alsbald der aus allen Löchern pfeifenden Wirtschaft schwer im Magen lag.

Freilich wäre mit diesem Geld die Entwicklung eines völlig neuen, modernen Autos mit DDR-eigenem Viertaktmotor bis zur Serienreife zu bringen gewesen. Aber nur theoretisch. Ohne den Druck, der vom Vertrag mit Volkswagen ausging, wäre das, was in der Automobil- und Zulieferindustrie der DDR in den Jahren 1984 bis 1990 vorangebracht wurde, niemals zustande gekommen. Dazu wäre letzten Endes weder das Geld (die Lizenznahme sollte ja der billigste Weg zum Viertakt-PKW in der DDR werden) noch die breite personelle Unterstützung gewährt worden. Das am Ende doch nur wieder eine Notlösung herauskam, steht auf einem anderen Blatt.

Viele Betriebe wären zudem den steinigen Weg eines gewaltigen Innovationsprozesses nicht mitgegangen. Allein im Barkas-Werk in Chemnitz stieg die Stundenleistung nach Anlauf der neuen Motoren-Fertigung um 500 %! Da kann man sich leicht ein Bild von der Arbeitsproduktivität der DDR-Wirtschaft der letzten Jahre machen.

▸ *Das Objekt der Begierde: Der Vierzylinder-Viertakt-VW-Motor EA 111, wie er im Polo Verwendung fand. (Foto: Johannes Maximilian © CC-BY-SA-4.0)*

Der Viertaktmotor für den Wartburg

1988 begann dann zunächst die Serienproduktion des Motors BM 860 mit 1,3 Litern Hubraum für den Wartburg. Die Übergabe der ersten Rumpfmotoren an VW erfolgte am 4.November 1989. Und schließlich wurde auch die Produktion des 1,05 Liter-Motors BM 820, der sich von seinem größeren Bruder lediglich im Kolbenhub unterschied, zum Einbau in den Trabant gestartet. Für den Viertakter und sein Umfeld sind folgende Daten von Interesse:

- obenliegende, über Zahnriemen angetriebene Nockenwelle,
- automatischer Ventilspielausgleich durch hydraulische Tassenstößel,
- Einkanalvergaser (von Weber, Italien) mit Schubabschaltung und Startautomatik,
- elektronische Batteriezündung,
- Ansaugluft-Temperaturregelung und selbstregelnde Gemischvorwärmung,
- neu entwickelte Abgasanlage.

▲ Im Sommer 1988 begann die Fertigung des Vierzylinder-Motors BM 820 mit 1.3 Liter Hubraum. Das Schnittbild zeigt die Abgasseite des neuen Wartburg-Triebwerks.

▲ Der VW-Lizenzmotor von der Vergaserseite. Allein der Vergaser von Weber musste für teure Valuta-Mark aus Italien bezogen werden.

▲ Der Quereinbau des neuen Vierzylinder-Viertaktmotors in den Wartburg 353 erforderte erhebliche und sehr teure konstruktive Änderungen an Fahrwerk und Karosserie.

▸ Der große Gesamtprospekt für den Wartburg 1.3, ebenfalls noch 1988 erschienen, sprach von Tradition und Fortschritt – treffend gewählt für die alte Karosserie und den neuen Motor.

Der »neue« Wartburg

Und wie sah nun der »Wartburg-Nachfolger«, in den dieses moderne Aggregat eingepflanzt werden sollte, aus? Kaum anders als sein Vorgänger! Denn es galt die klare politische Vorgabe, den neuen Motor ohne unnötige Veränderungen des Urfahrzeugs einzubauen. Lediglich konstruktive Maßnahmen, die eben dieser Einbau unumgänglich machte, waren genehmigt. Dabei erforderte der notwendige Quereinbau und das »Hineinkonstruieren« des Triebwerks in den alten Wartburg gravierende Änderungen am Fahrwerk, die sich, unter anderem durch die Spurverbreiterung, auch auf Karosserieteile auswirkten. So entstanden neue Formen im Bug- und Heckbereich, während die Kabine samt Türen unverändert blieb. Alles zusammengeschraubt, ergab es ein skurriles Aussehen, das Automobilfachleute nur mit dem Kopf schütteln ließ. Und dabei hatten allein

▸ *Ein schmaler Prospekt verkündete noch 1988 das Erscheinen des neuen Wartburgs. Dass man seine äußere Gestalt etwas im Nebel ließ könnte durchaus Absicht gewesen sein.*

die Konstruktionsarbeiten zur Aufnahme des neuen Motors so viel Geld verschlungen, wie man für die Entwicklung eines komplett neuen Fahrzeuges gebraucht hätte. Egal - am 12. Oktober 1988 begann die Serienproduktion des Wartburg 1.3, zunächst nur in der Limousinen-Version (Standard-Limousine 30.200 Ostmark, Sonderwunsch-Version 31.500 Ostmark) und die DDR-Bürger, die seit 15 Jahren auf ihren Neuwagen gewartet hatten, rissen dem Handel die Fahrzeuge förmlich aus den Händen. Die Exporte blieben dagegen deutlich hinter den Erwartungen zurück.

Ab März 1989 folgte dann die Fertigung des Tourist, auch hier in der Standard-Version (34.500 Ostmark) und der Sonderwunsch-Version (35.800 Ostmark). Die Aufpreisliste war lang und versuchte zusätzlich zu den gesalzenen Fahrzeugpreisen die in der DDR kräftig gestiegene Kaufkraft abzuschöpfen.
Es folgten in geringen Stückzahlen der Wartburg Trans und ab Ende 1989 noch das Modell MED. Aber da war der Käse schon gegessen: Nach über 70.000 Fahrzeuge im Jahre 1989 sank die Produktion auf 63.000 Fahrzeuge im Jahr darauf, die nur noch schleppend abzusetzen waren.

▲ *So sah also 1988 ein neues Auto aus, in dessen Antriebsentwicklung Milliarden geflossen waren. Der neue Wartburg war äußerlich noch der alte, die offizielle Empörung in den DDR-Medien begann erst nach dem 9. November 1989.*

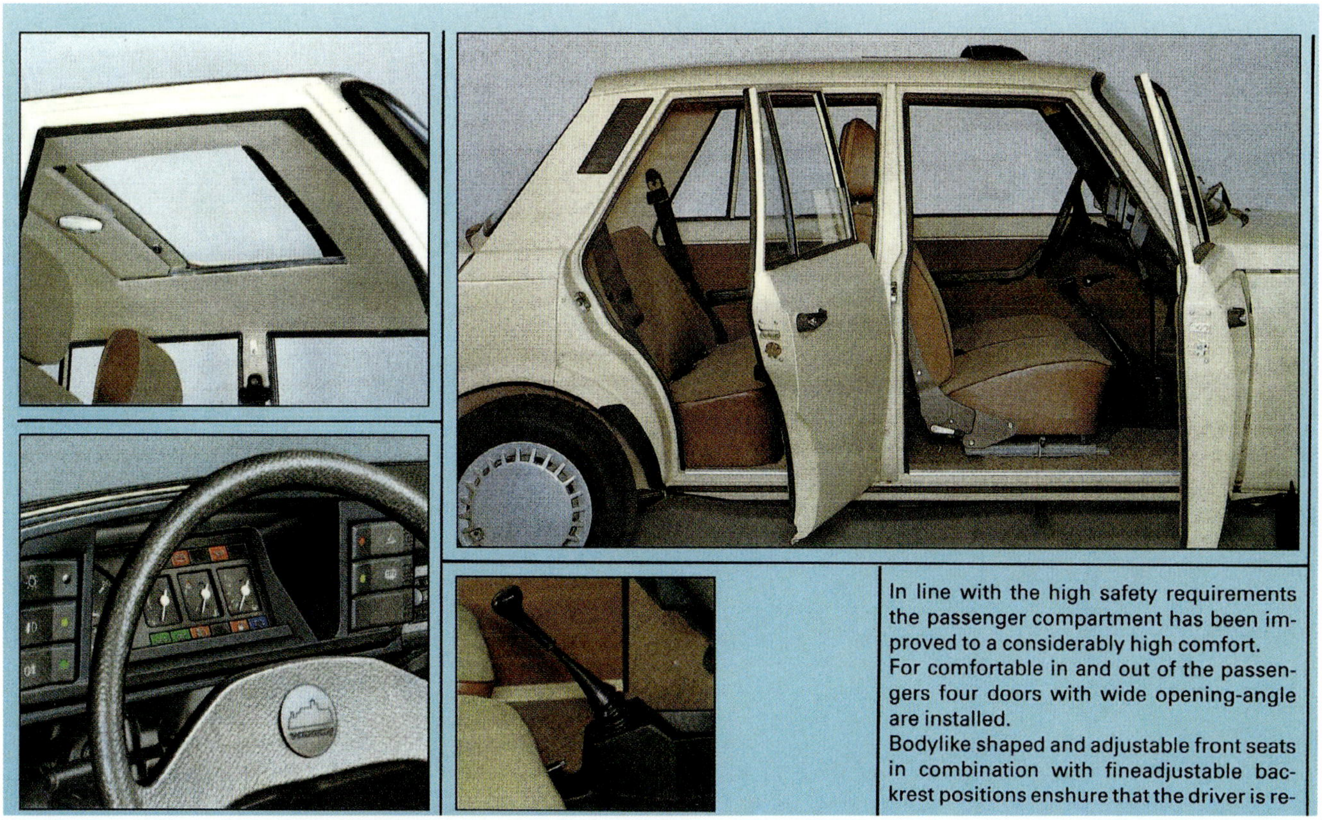

▲ *Auch im Innenraum war der Wartburg 1.3 modernisiert worden – bei den DDR-Bürgern war der Eisenacher Wagen weiterhin heiß begehrt. Dunkle Wolken zogen allerdings schon über Eisenach auf.*

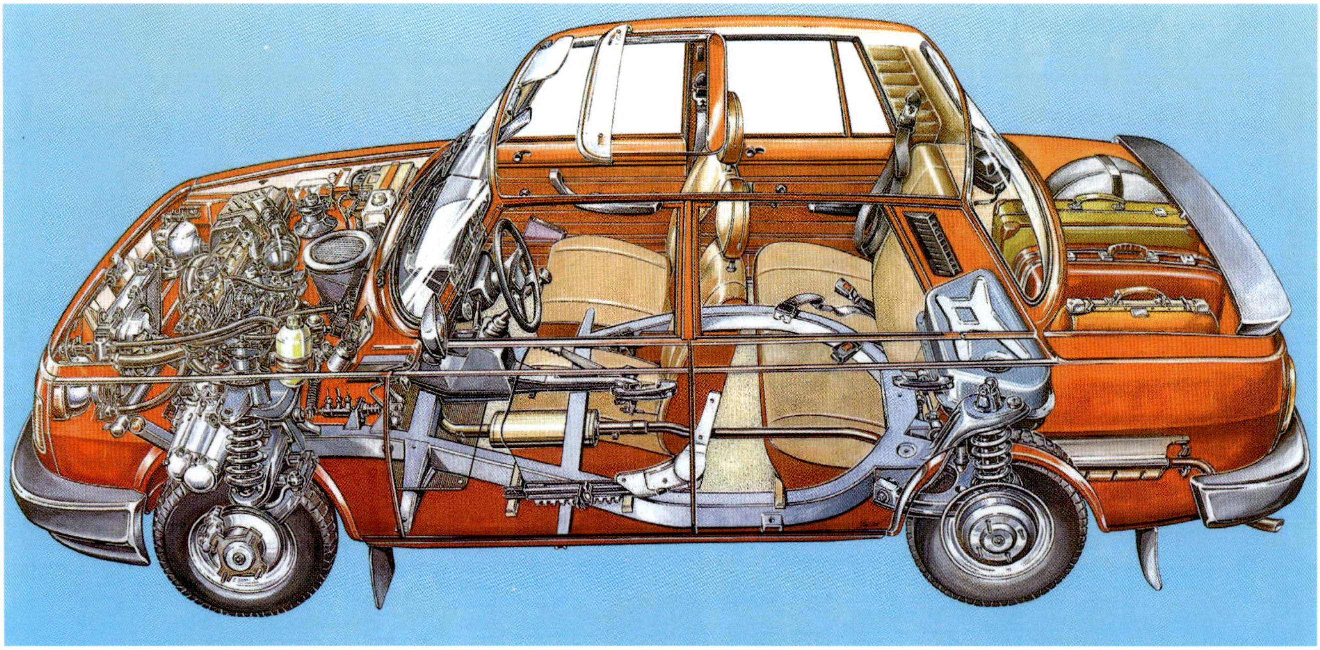

▲ *Die Röntgenzeichnung der neuen 1,3-Limousine zeigt, dass wesentliche Bestandteile des alten Wartburgs, ja zurückreichend bis zum DKW F 8, immer noch vorhanden waren.*

▲ *Der Wartburg Tourist 1.3 konnte ab März 1989 in Serie gehen.*

▲ *Zeitgleich mit dem Modell Tourist wurde auch der neue Wartburg Trans vorgestellt. Als der dann in Serie ging, war die DDR schon fast Geschichte.*

▲ *Ein letztes Mal wurde ein Wartburg-Automobil werbetechnisch vor der Wartburg platziert.*

▲ *Eine Serie mit leicht erotisch angehauchten Werbeaufnahmen wie hier für den Wartburg 1.3 Tourist sollte helfen, den Absatz anzukurbeln. Die Bilder wurden letztlich offiziell nie gezeigt. (Bild: Stadtarchiv Eisenach/AWE Eisenach)*

Die Automobilwerk Eisenach GmbH

Ab April 1990 war die Wartezeit schon auf Null gesunken und ab dem 1. Juli des gleichen Jahres setzte die unter Opel-Regie gegründete Automobilwerk Eisenach GmbH die Preise in DM neu fest. Sie reichten von 13.540 Mark für die Standard-Limousine bis 16.340 Mark für den Luxus-Kombi. Aber wer wollte das noch ausgeben? Mit der Einführung der D-Mark brach der osteuropäische Export unmittelbar zusammen und der Noch-DDR-Bürger kaufte sich lieber einen gebrauchten Golf. Mit dem von Irmscher hergerichteten Wartburg »New Line«, der auf der Leipziger Herbstmesse 1990 vorgestellt wurde, versuchte man zu retten, was nur zu retten war. Vergebens – nach nur noch gut 7000 auf Halde produzierten Wartburgs im Frühjahr 1991, rollte der letzte Wagen am 10. April direkt ins Museum.

▲ *Wertete die alte Wartburg-Karosserie zwar deutlich auf, konnte die ins bodenlose fallenden Verkaufszahlen aber auch nicht mehr retten: Der von Irmscher gestaltete Wartburg New Line mit Katalysator.*

IFA F 9 und Wartburg im Motorsport

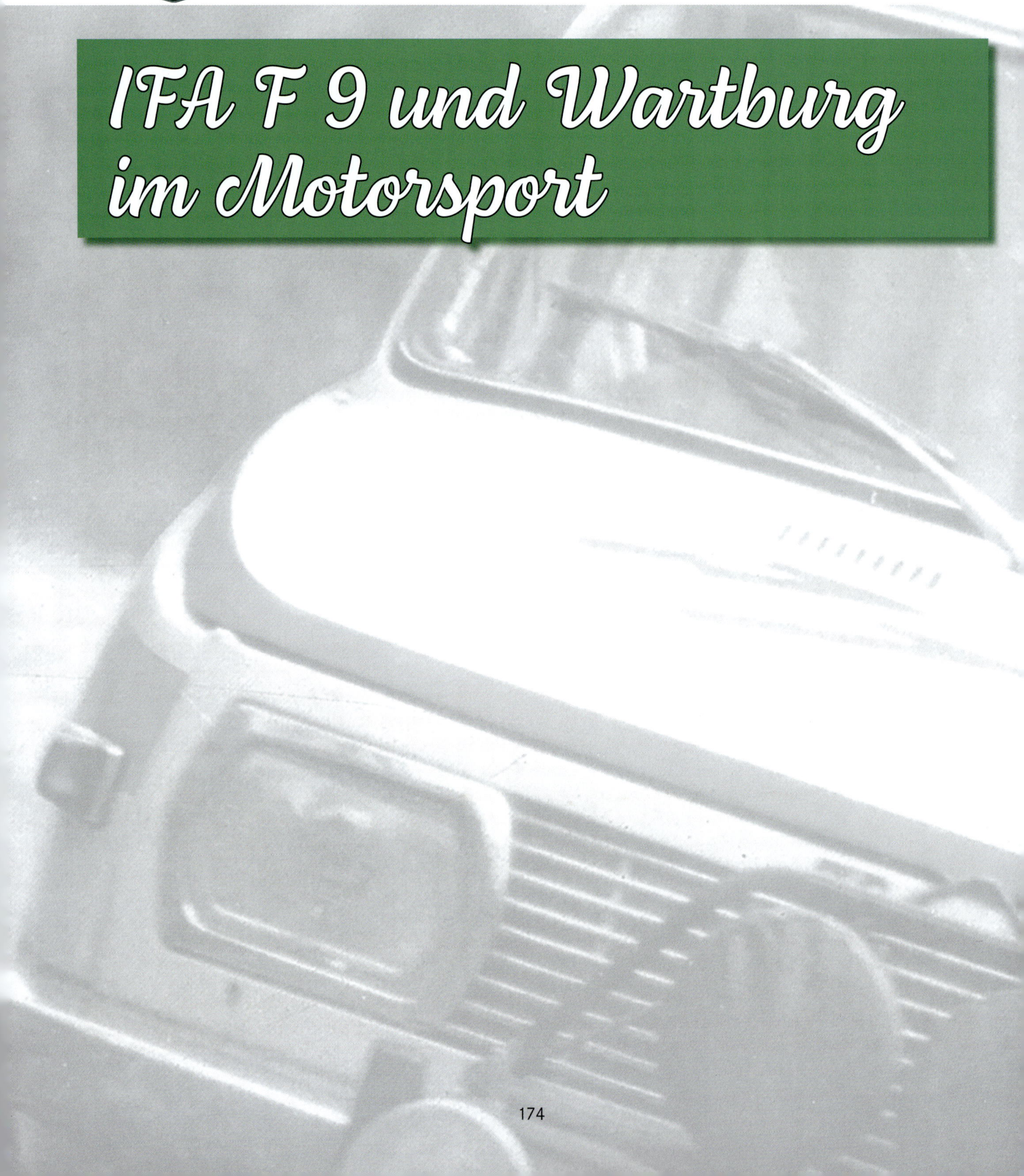

FG 78-29

Nachdem die ersten Funktionsmuster des F 9 hergestellt worden waren und Hellmuth Richter 1949 beim ersten Dessauer Auto- und Motorradrennen als Einziger mit einer Limousine mitten unter Rennsportwagen einen dritten Platz belegte, stellte er fest, dass dieser Wagen als Basis für ein Wettbewerbsfahrzeug brauchbar war.

Der IFA F 9 im Straßenrennsport

Eine kleine, motorsportbegeisterte Arbeitsgruppe des ehemaligen Wandererwerkes beschäftigte sich nun in der Freizeit mit der Konstruktion und dem Bau solcher Fahrzeuge. Initiiert hatte dies der Getriebespezialist Dipl.-Ing. Gerhart Schreier, der zunächst auch die fachliche Leitung übernahm. Zu der Arbeitsgruppe gehörten ferner Hellmuth Richter, Erich Hofmokel und der technische Leiter Lehm. Hellmuth Richter, Assistent des Werkleiters, betätigte sich ab 1949 als Rennfahrer, Erich Hofmokel fuhr ab 1950 ebenfalls Rennen. Beide waren vor dem Krieg Versuchsfahrer bei den Wandererwerken der Auto Union AG gewesen und konnten in der Folgezeit häufig aus der Fahrpraxis heraus Anregungen zur Verbesserung der Fahrzeuge geben.

Nachdem der Beschluss gefasst worden war, dass in den Chemnitzer Produktionsanlagen des ehemaligen Wanderer-Werkes die Motoren- und Getriebefertigung für die Zwickauer Pkw-Baureihen F 8 und F 9 stattfinden sollte, schlug sich dies auch in der neuen Betriebsbezeichnung IFA Motorenwerk Chemnitz VEB nieder.

Noch 1949 entstanden – unter wohlwollender Duldung der Werkleitung – zwei Sportwagen der Gruppe G (bis 1100 cm^3), basierend auf der neuen Baureihe F 9. Man nutzte noch vorhandene Motoren, die vor 1945 entstanden waren. Für die Motorkühlung blieb im Prinzip die Thermosiphonkühlung erhalten, die jedoch durch einen Windflügel und einen verbesserten Kühler unterstützt wurde.

▲ *Hellmuth Richter 1949 auf dem DKW IFA F 9 der Arbeitsgruppe Chemnitz mit dem ersten Barchetta-Rennwagen-Aufbau.*

▲ *Hier pilotiert Erich Hofmokel 1950 den F 9-Rennwagen mit der von der Arbeitsgruppe Chemnitz gebauten Pontonkarosserie.*

▲ *Nochmals Hellmuth Richter auf einem F 9-Rennwagen, jetzt mit einer in Halle gefertigten Pontonkarosserie.*

Problematisch blieb das relativ schwere F9-Chassis. Über Modelle im Maßstab von 1:10 und Schnittmodelle fertigte der Karosserieklempner Buschbeck nach Entwürfen von Gerhart Schreier mit einem Kollegen den Aufbau in Bootsform. Daneben baute Buschbeck eine Stromlinienkarosserie auf. Da das Fahrzeug mit dem Aufbau in Bootsform nicht so schnell lief wie mit der Stromlinienkarosserie, wurde die erste Karosse nur bis 1950 eingesetzt, wo Hellmuth Richter hinter Hans-Joachim Kranke den zweiten Platz in der Bestenermittlung belegte. Im Jahr darauf holte er im F 9 die Meisterschaft.

Als weiterer Trägerbetrieb gesellte sich nach seiner Gründung am 1. April 1951 das IFA FEW (Forschungs- und Entwicklungswerk) hinzu. Zur Saison 1951 gab es zwei gleiche, neue Pontonaufbauten, strömungstechnisch wiederum gut gelöst und in Leichtmetall ausgeführt. Die Fahrzeuge galten in der DDR von vornherein als favorisiert. Gefahren wurde übrigens mit einer Mischung aus 50 Prozent Benzin, 40 Prozent Benzol, 10 Prozent Methanol (für die Innenkühlung) und einem Mischungsverhältnis von 1:25 mit Spezialöl aus Lütkendorf.

Obwohl zu keinem Zeitpunkt eine formaljuristische Bindung an das IFA Motorenwerk bestanden hatte und die Fahrzeuge in den Rennprogrammen ausdrücklich als Eigenbauten bezeichnet wurden, warb die IFA in Anzeigen mit einem bis zur Unkenntlichkeit retuschierten Sportwagen.

Durch Aufbohrung wurde der Hubraum der Motoren für die Saison 1952 weiter vergrößert, um das Hubraumdefizit in der Klasse bis 1100 ccm wenigstens teilweise auszugleichen. Dazupassende, handgeschmiedete Kolben wurden von der westdeutschen Firma Mahle »schwarz« besorgt. Da für die Serienproduktion der F 9-Maschine aus herstellungstechnischen Gründen ein zweiteiliger Zylinderkopf zum Einsatz kam, der eine seitliche Position der Zündkerzen bedingte, dieses aber Hochleistungen entgegenstand, erhielten die Sportwagen nun einteilige Zylinderköpfe mit zentral positionierten Zündkerzen. Viele der technischen Änderungen an den Rennwagen hielten später auch in der Serienproduktion beim neuen Wartburg Einzug.

Obwohl die alte Stromlinienkarosserie von Buschbeck inzwischen viel zu schwer war, wurde sie auch noch 1952 eingesetzt. Und Erich Hofmokel schaffte als Fahrer immerhin noch den dritten Platz in der Meisterschaft.

Zwar startete man auch noch 1953, doch stellte die Arbeitsgruppe Sportwagen ihre Aktivitäten in diesem Jahr ein.

Der Wartburg 313 im Straßenrennsport

Während der F 9 in der Klasse Sportwagen um DDR-Meisterschaftspunkte fuhr, wurden ab 1958 Rennen für die Kategorie Serien-Sportwagen bis 1000 cm³ veranstaltet, bei denen der neue Wartburg 313/1 Sport eingesetzt wurde. Mit dem Eisenacher Wagen wurden 1961 einige Rennen für Serien- und Spezial-Tourenwagen und Sportwagen gemeinsam ausgetragen, wobei hier auch andere Wartburg-Modelle zum Einsatz kamen.

Ab 1963 gab es Rennen für Serien-Tourenwagen der Klasse A 3 bis 1500 ccm. Gleichzeitig wurden Spezial-Tourenwagenrennen der Gruppe A 2 bis 1000 cm³ gefahren. Der 311er Wartburg spielte da aber keine Rolle mehr.

▲ *Der bekannte Rennfahrer Arthur Rosenhammer beim Le Mans-Start mit dem Wartburg 313 in der Klasse Serien-Sportwagen bis 1000 cm³ 1958 am Schleizer Dreieck. (Bild: motorrennsportarchiv.de)*

▲ *Günter Rüttinger, der eigentlich auf den Rallyestrecken der Welt zuhause war, durfte 1958 mit dem Wartburg 311 in Schleiz auch an einem Rundstreckenrennen teilnehmen. (Bild: motorrennsportarchiv.de)*

Der Wartburg 353 im Straßenrennsport

Erst 1970 lebten die Rennen für Serien-Tourenwagen wieder auf. Wiederum beschränkte man sich auf 1000 cm³ Hubraum. Ab 1971 liefen die Tourenwagen der Mittelklasse dem FIA-Reglement entsprechend in der Kategorie A (Serienwagen), Gruppe 1 (Serien-Tourenwagen) beziehungsweise Gruppe 2 (Tourenwagen, nach dem Reglement speziell für Wettbewerbe verbessert), Klasse 2 (im Straßenrennsport bis 1300 cm³ – im Rallyesport bis 1150 cm³). Zwischen den Motorsportverbänden der sozialistischen Länder wurde vereinbart, im Pokal der Freundschaft ausschließlich Wagen der Gruppe 1 einzusetzen. Aber, und das war das Entscheidende, für das Tuning durften die Bestimmungen der Gruppe 2 angewandt werden. Dadurch erhielt man viel Spielraum und die braven Serienautos konnten gehörig aufgeblasen werden. Etliche Motorteile durften mechanisch bearbeitet werden – Nockenwelle und Ventiltrieb waren völlig freigestellt; auch am Vergaser war Tuning erlaubt. Außerdem gestattet: Reifenbreite bis zu 10 Zoll, 50 mm Kotflügelverbreiterungen, Fahrwerksänderungen und Bugspoiler.

DDR-intern wurde die Klasse bis 1150 cm³ auch im Straßenrennsport gefahren, was der größtmöglichen Aufbohrung der Wartburg-Motoren entsprach – selbst in der Meisterschaft, die erstmals für Spezial-Tourenwagen ausgetragen wurde. Die Leistungen erreichten max. 90 - 112 PS.

1972: Im tschechischen Sternberk gab es ein Rennen der Wagen mit bis zu einem Liter Hubraum, bei dem sich die winzigen Steyr-Puch aus österreichischer Produktion als überlegen erwiesen. Die DDR-Meisterschaft wurde nach internationalem Standard bis zu einem Hubraumlimit von 1300 cm³ ausgetra-

▲ *Startaufstellung am Sachsenring 1973: Klaus-Peter Krause, Manfred Günther und Bernd Zimmermann (von links nach rechts) in der ersten Reihe. (Bild: motorrennsportarchiv.de)*

▲ *Der Dresdner Erwin Opuchlich 1973 auf dem Sachsenring. (Bild: motorrennsportarchiv.de)*

▲ *Sachsenring 1976: Startaufstellung der Spezial-Tourenwagen Kategorie 1, Gruppe A2, Klasse 2 bis 1150 cm³. (Bild: motorrennsportarchiv.de)*

▲ *Der dreifache DDR-Meister Klaus-Peter Krause aus Arnstadt 1976 auf dem Sachsenring. (Bild: motorrennsportarchiv.de)*

gen, während für DDR-interne Rennen die Hubraumklasse bis 1150 cm³ aufrecht erhalten wurde. Im gleichen Jahr zeigten in Schleiz zwei Skoda 120 S aus der Tschechoslowakei mit ihren 120 PS den Wartburgs aus der DDR die Auspuffrohre. In der Kategorie bis 2000 cm³ liefen – nur in diesem Jahr – einige Tourenwagen der Mittelklasse etwas verloren gegen Teilnehmer aus dem RGW-Raum, die mehr zu bieten hatten.

Im Folgejahr fiel die Hubraumklasse bis 1150 cm³ vorübergehend weg. Die DDR-Meisterschaft wurde weiterhin in der Klasse bis 1300 cm³ ausgetragen.

In der Saison 1974 wurde die DDR-interne Klasse bis 1150 cm³ schon wieder vollständig rehabilitiert. Selbst die Meisterschaft wurde wiederum in dieser Hubraumklasse ausgetragen. Die Spitzengeschwindigkeiten dieser Spezial-Tourenwagen lagen bei 185 bis 190 km/h. Die Klasse der Spezial-Tourenwagen bis 1600 cm³, 1973 eingeführt, behielt man für international besetzte Rennen bei. Ähnlich wie in der Formel Easter 1600 sahen die DDR-Fahrer hier nur die Heckpartien der RGW-Konkurrenz aus der Tschechoslowakei und Polen.

Ab 1977 wurden die Tourenwagen-Meisterschaften der DDR in dieser Fahrzeugkategorie endgültig bis 1300 cm³ ausgetragen. Das hieß, man nahm vom Reglement her keine besondere Rücksicht mehr auf den landeseigenen Wartburg. Peter Lindner errang seinen Meistertitel in der Klasse bis 1300 cm³ auf Zastava vornehmlich gegen Ladas. Vereinzelt wurden in dieser Kategorie auch Skoda und nach wie vor Wartburg eingesetzt. Vorn mitfahren konnte Letzterer aber nicht mehr.

▲ *Immer vorne mit dabei im Wartburg, aber nie DDR-Meister: Peter Mücke 1976 auf dem Sachsenring. (Bild: motorrennsportarchiv.de)*

▲ *Sieghard Sonntag 1978 auf dem Schleizer Dreieck. (Bild: motorrennsportarchiv.de)*

▲ *Zur gleichen Zeit im gleichen Rennen: Dietmar Isensee 1978 in Schleiz. (Bild: motorrennsportarchiv.de)*

Die DDR-Meister auf Wartburg 353

Jahr	Meister	Vizemeister	Dritter
1971	Klaus-Peter Krause	Walter Salomon	Bernd Zimmermann
1972	Klaus-Peter Krause	Bernd Zimmermann	Manfred Günther
1973	Manfred Günther	Peter Mücke	Klaus-Peter Krause
1974	Lothar Thomas	Bernd Zimmermann	Peter Mücke
1975	Klaus-Peter Krause	Harry Kindl (Lada)	Peter Mücke
1976	Lothar Thomas	Peter Mücke	Klaus-Peter Krause
1977	Peter Mücke (Zastava)	Sieghard Sonntag	Peter Ruddis

Der Wartburg 311 im Rallyesport
»100 Kilometer durch die Dresdner Heide« war die erste ostdeutsche Rallye, bei der auch drei IFA F 9 des Eisenacher Rennkollektivs im März 1954 erstmals antraten. Weitere Einsätze im In- und Ausland folgten, ohne zunächst die ganz großen Erfolge einzusammeln. Zur ersten »Rallye Wartburg« 1955 starteten die Eisenacher mit sechs Prototypen des neuen 311 und gewannen alles, was in ihrer Klasse zu holen war. International hatte es der Wartburg aber schwer, da die meisten Weltmeisterschaftsläufe in der Klasse bis 1300 cm³ ausgeschrieben waren und der Eisenacher Wagen da ein deutliches Leistungsdefizit aufwies. Da jedoch, wo Wettbewerbe bis 1000 cm³ ausgeschrieben wurden, oder wo sich die großen westlichen Werksteams nicht beteiligten oder aber, wo einfach die Robustheit auf knochenschwerer Strecke zählte – da war der Wartburg in seinem Element. Ab 1956 schickte das Eisenacher Werk vier Fahrzeuge, acht Fahrer und zwei Monteure durch die Welt. Vor allem bei der »Rallye der 1000 Seen« in Finnland, der griechischen »Rallye Acropolis« oder der englischen »RAC« (Royal Automobile Club) konnte sich der zuverlässige Eisenacher Wagen bewähren. Sich in Skandinavien, einer bedeutenden Exportregion, zu präsentieren war für den Wartburg ebenso wichtig wie in den Benelux-Staaten, wo das Wartburg-Team bei der »Tulpen-Rallye« in Holland und der »Tour de Belgique« startete. In Spanien fuhr man bei den beiden Rallyes »Costa Brava« und »Costa Blanca« mit und 1959 gab es auch einen Abstecher zur 28. »Rallye Monte Carlo«, wo der Wartburg in der Kategorie bis 1000 cm³ vorne mitfahren konnte. Gelegentliche Abstecher zur »Österreichischen Alpenfahrt« gehörten bis 1965 ebenso zum Programm wie die Dauerpräsenz in Osteuropa, zum Beispiel beim »Pokal der sozialistischen Länder«.

Speziell im westlichen Ausland hatte es die Mannschaft nicht leicht: Servicewagen einzusetzen war nicht möglich, so mussten Ersatzteile in den Wettbewerbsfahrzeugen – auch während der Rennen – transportiert werden; Fahrer und Beifah-

▲ *100 km durch die Dresdner Heide, allerdings schon im Jahr zuvor, war die erste Ralley-Veranstaltung mit Eisenacher Beteiligung.*

▲ *Ein Eisenacher IFA F 9 bei der Internationalen Svenska-Rallye im Juni 1955.*

▲ *Seit 1954 wurde auf der Solitude, nahe Stuttgart, ebenfalls eine Rallye veranstaltet. 1956 war hier auch das Eisenacher Wartburg-Team am Start.*

▲ *Startaufstellung zur holländischen Tulpen-Rallye in Zandvoort 1957.*

rer waren in anfallende Reparaturarbeiten voll involviert. So wurden die DDR-Fahrer einerseits belächelt, andererseits ob ihrer trotzdem guten Leistungen auch bewundert. Besonders hervorgetan hatten sich dabei die beiden Spitzenteams Kurt Otto/Hermann Hanf und Günter Rüttinger/Paul Thiel. Von 1962 bis 1965 fuhr der Wartburg als 311 GT in der Grand-Tourisme-Klasse bis 1300 cm³ mit. Der leicht aufgebohrte 1000er Motor leistete hier etwa 55 PS.

▲ *Auch zur Winter-Rallye in Garmisch-Partenkirchen vom 14. bis 17. Februar 1957 traten die Eisenacher Wartburgs an.*

▲ *Den vielleicht größten Rallye-Erfolg für Eisenach verbuchten Hermann Hanf (rechts) und Kurt Otto als Gesamtsieger der Rallye Hanseat vom 10. bis 12. April 1959 mit der Abschlussfahrt auf dem Nürburgring.*

▲ *Einige Goldmedaillen errang der Wartburg bei den Österreichischen Alpenfahrten, wie hier 1960 in Velden.*

▲ *Der Wartburg 311 in Aktion bei der 12. Suurajot-Rallye (1000-Seen-Rallye) 1962 in Finnland.*

Ergebnisse des Wartburg 311 bei der Rallye Wartburg

Jahr	Fahrer/Beifahrer	Platzierung
1956	Kurt Otto/Erich Möller	1
	Günter Rüttinger/Dieter Hommel	3
1957	Kurt Rüdinger/Karl Wagner	1
1959	Werner Jäger/Erich Möller	1
1960	Kurt Otto/Siegfried Lange	1
1961	Günter Rüttinger/Paul Thiel	1
1962	Günter Rüttinger/Paul Thiel	1
	Kurt Otto/Günter Falta	3
1963	Kurt Otto/Erich Möller	2
1965	Kurt Otto/Hans Rauen	1

Der Wartburg 353 im Rallyesport

Durchaus mit einem Paukenschlag führte sich der neue Wartburg 353 1967 bei der 36. Rallye Monte Carlo ins internationale Rallyegeschehen ein. Mit der Besatzung Rüttinger/Culmbacher kam ein Eisenacher Team in der Klasse Serientourenwagen bis 1000 cm³ auf den zweiten Platz, das Duo Otto/Strehlow belegte in der Endabrechnung in der Klasse Tourenwagen bis 1000 ccm den dritten Platz.

Insgesamt starteten die Eisenacher je nach Rennen mit drei oder vier Teams auf internationaler und nationaler Ebene. Angefangen von der Rallye Monte Carlo im Januar über die anschließenden Europameisterschaftsläufe in verschiedenen Ländern des Kontinents bis zur Rallye Großbritannien im Spätherbst. 1970 sprang wieder ein dritter Platz bei der Rallye Monte Carlo heraus, diesmal in der Klasse bis 1150 cm³, in der der Wartburg nun international starten musste, was die Sache nicht einfacher machte. In den Jahren zuvor konnte man einige Gesamtsiege bei kleineren Veranstaltungen einfahren, aber auch bei den großen Rennen gab es eine Vielzahl von Klassen- und Mannschaftssiegen. Nach Monte Carlo fuhren Homme/Bork einen Gesamtsieg bei der Pneumant-Rallye, dem Europameisterschaftslauf in der DDR heraus, landeten in der Endabrechnung dann aber doch nur im guten Mittelfeld. 1971 und 1972 sammelten die Eisenacher bei internationalen

▲ *In den erfolgreichsten Jahren der Wartburg 353 Werksmannschaft verkündete die Rallye Großbritannien im Spätherbst das Saisonende.*

▲ *Peter Hommel am Steuer siegte 1973 bei der Rallye Monte Carlo in der Klasse bis 1150 ccm, im Gesamtklassement kam er auf den 38. Platz.*

▲ *Auch dies eine Impression von der britischen RAC-Rallye, diesmal zum Saisonausklang 1976.*

Veranstaltungen drei Gesamtsiege, 24 Klassensiege und neun Gesamtsiege in den Mannschaftswertungen. 1973 dann wieder ein hervorragender zweiter Platz durch Pilot Peter Hommel in der Klasse bis 1150 cm³ bei der Rallye Monte Carlo (Gesamtwertung 38. Platz).

Die frühen 1970er Jahre waren sicherlich die erfolgreichste Zeit für das Eisenacher Werksteam im Rallyesport. Obwohl für die Jahre 1975 und 1976, jetzt mit dem Typ 353 W, offiziell noch vier Gesamtsiege und 27 Klassensiege vermeldet wurden, die meisten bei rein osteuropäischen Veranstaltungen eingefahren, war der Rallyestern für die Eisenacher im Sinken begriffen. Der Dreizylinder-Zweitaktmotor konnte leistungsmäßig kaum noch mit der Konkurrenz mithalten. Ende 1975 begann der Einsatz von Drei-Vergaser-Anlagen, die eine Leistungssteigerung von zunächst 80 PS ermöglichten. In seiner letzten Ausbaustufe, jetzt auf 1150 cm^3 aufgebohrt (ab 1979) und mit drei Rennvergasern bestückt, kam der Zweitakter sogar bis auf stolze 112 PS. 1981 konnte man noch einmal einen Klassensieg bei einem Europameisterschaftsrennen, der 15. Jugoslawien-Rallye (4. Platz im Gesamtklassement) vermelden, aber das war inzwischen die Ausnahme. Ganz schwer hatte es der Wartburg ab 1984. Für die Gruppe A waren nun Serienvergaser vorgeschrieben, die noch maximal 92 PS zuließen, mit denen der Wartburg nicht mehr konkurrenzfähig war. Bis 1990 setzten die Eisenacher den Werksrallyewagen 353 W 460 ein, zuletzt bei der hauseigenen Rallye Wartburg, die der Typ 353 insgesamt neun Mal gewonnen hatte. 1989 tauchte auch der Wartburg 1,3 in den offiziellen Starterlisten auf und belegte mit Krügel/Fink den zweiten Platz bei der Rallye Wartburg des gleichen Jahres.

◂ Bei reinen Inlandsveranstaltungen und im Rahmen des osteuropäischen Wettbewerbs konnte der Wartburg 353 auch später noch mithalten. Hier bei der Messe-Rallye, Leipzig 1979. (Bild: motorrennsportarchiv.de)

▸ Zum Saisonauftakt 1981 gewann die Wartburg-Werkswagenmannschaft bei der 15. Jugoslawien-Rallye den Klassensieg und den Fabrikmannschaftssieg.

▲ *Das Wartburg-Werksteam 1986 bei der Rallye Albena in Bulgarien. (Bild: motorrennsportarchiv.de)*

▲ *Neun Mal konnte ein Wartburg-Team die Rallye Wartburg rund um Eisenach gewinnen.*

▲ *Ein Schnappschuss von der Sachsenring-Rallye 1988. (Bild: motorrennsportarchiv.de)*

▲ *Wurde von der Eisenacher Rennsportabteilung nicht offiziell eingesetzt: Der Wartburg 1.3 am Start zur Rallye Lutherstadt Wittenberg 1990. (Bild: rennsportarchiv.de)*

Die Sieger auf Wartburg 353 bei der Rallye Wartburg

Jahr	Fahrer/Beifahrer
1966	Kurt Otto / Wolfgang Strehlow
1969	Egon Culmbacher / Wolfgang Strehlow
1971	Peter Homel / Günter Bork
1972	Egon Culmbacher / Werner Ernst
1976	Karl-Heinz Weigel / Volker Beyer
1980	Dieter Heimbürger / Roland Weitz
1981	Dieter Heimbürger / Roland Weitz
1984	Dieter Heimbürger / Thomas Bruchmann
1989	Wolfgang Krügel / Dieter Schenk

Melkus RS 1000

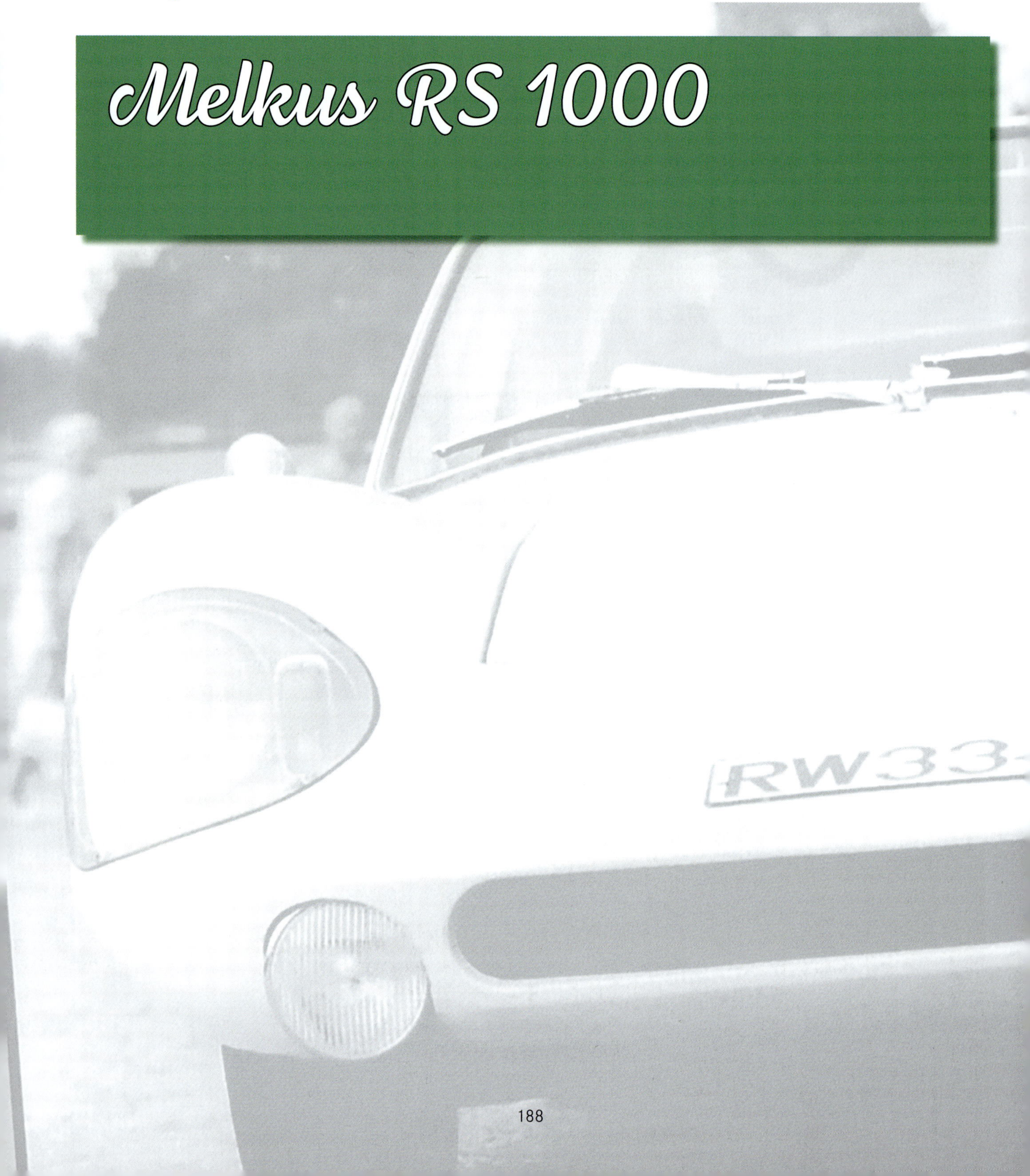

RW33-01

Wenn vom Wartburg im Motorsport die Rede ist, darf man den wichtigsten Vertreter, der auf der Basis des Eisenacher Mittelklassewagens basierte nicht vergessen – den Melkus RS 1000.

Heinz Melkus erinnert sich: »Wir wollten mal was ganz Extremes herstellen, damit unsere Leute auch so was wie einen Ami-Wagen fahren konnten.« Als damalige Vorbilder nennt er Ford GT 40, Lotus und Ferrari.

▲ *Heinz Melkus (20. April 1928 – 5. September 2005) schraubt an einem seiner Rennwagen, die er schon vor dem RS 1000 selbst aufbaute.*

Ein Sportwagen wird geplant

Im November 1968 beantragt die Kommission Automobilrennsport bei der Zentralen Sportkommission den Beschluss zur Produktion eines vollständig in der DDR gebauten Sportwagens. Idealistisch verbrämt heißt es unter Punkt elf des Antrags: »Mit Hilfe einer sozialistischen Entwicklungsgemeinschaft, der Mitarbeiter des VEB Robur Zittau, der TU Dresden, der KTA Dresden, VEB BTL u.a. angehören, haben sich die Arbeiter und Angestellten der Firma Melkus KG zu Ehren des 20. Jahrestages der DDR verpflichtet, bis zum April 1969 drei Prototypen und bis Oktober 1969 weitere vier Rennsportwagen herzustellen.«

Weiterhin ist von einer anschließenden, jährlich etwa 25 Exemplare umfassenden Kleinserie die Rede.

Die längst vorhandenen »plastischen Grobskizzen« wurden nun von Mitarbeitern der Kraftfahrzeugtechnischen Anstalt (KTA), der TU und der Verkehrshochschule Dresden, Technikern des VEB AWE und Gestaltern der Kunsthochschule Berlin Weißensee begutachtet. Für die Herstellungsvorbereitungen wurden Vertreter verschiedener Firmen hinzugezogen: Vom VEB AWE für die Bereitstellung der seriengleichen Bauteile, vom VEB Blechverformungswerk Leipzig für die Ansaug- und Abgasanlage, vom VEB Robur-Werke Zittau, Werk III (ehemalige August Novack KG in Bautzen), für die Fertigung von Glasfaserplaste-Teilen der Karosserie (Front- und Heckteile) sowie von der Firma König aus Dresden für die Getriebefertigung. Das Ganze nannte sich Sozialistische Arbeitsgemeinschaft Sportwagenbau.

Unter Leitung des Diplomformgestalters Ing. Stefan Scheitler entstand ein weiteres Modell im Maßstab 1:5, das im Windkanal erprobt wurde und dort einen Luftwiderstandsbeiwert von nur Cw = 0,29 aufwies (tatsächlich hatten die RS 1000 zuletzt einen Cw von 0,35). Ein letztes Modell im Maßstab 1:1 diente schon als Grundlage für die Formeinrichtung der Karosserieteile.

Der Rennsportwagen RS 1000

Heraus kam nach nur fünfmonatiger Entwicklungszeit bis zum Frühjahr 1969 Melkus‘ bekanntestes Erzeugnis: Der RS 1000 (Renn-Sportwagen 1000 cm^3) als ein Sportcoupé, das mit normaler Straßenzulassung gefahren werden und für Renneinsätze nach der damaligen Gruppe 4 gemäß FIA-Reglement (später Gruppe B 5) präpariert werden konnte. Es gelang, entsprechend den damals geltenden Idealen, diese Konzeption zu »verkaufen« - wochentags Transportmittel und am Wochenende auf eigener Achse zur Rennstrecke - einfach, preiswert und effektiv. Der Kleinserienbau bei Melkus wurde genehmigt.

▲ *Der erste Melkus RS 1000 in seiner ursprünglichen Form von 1969.*

▲ *Der gleiche Wagen musste sich im Laufe der Jahre einiger Veränderungen unterziehen und diente im hier gezeigten Zustand für einige Werbeaufnahmen.*

Technische Details und Ausstattung

Auf der Längstraverse befanden sich der kurze Schalthebel, die Betätigungshebel für die Starterklappe und die Regulierungen der Leerlaufdrehzahl, die Betätigung des Freilaufs sowie der Handbremshebel. Nicht nur bei einigen Bremsteilen und der Elektrik bediente man sich der Eisenacher Regale. Die Verkleidungen der Scheinwerfer und Blinker bestanden aus Piacryl. Da die aus dem Skoda MB 1000 stammenden Heckklappenscharniere am Dach angeschlagen waren, erforderte das Aufklappen der aus einem Stück bestehenden Heckpartie einige Körperkraft. Hier fand über dem Motor auch das Reserverad seinen Platz. Den Rest des Raumes unter der Heckklappe

▲ *Für die Lagerung des Motors im Fahrzeugheck erhielt der Wartburg-Rahmen einen zusätzlichen Y-Träger.*

▲ *Die Sitze waren zwischen den Rahmentraversen versenkt eingebaut.*

füllte der winzige Kofferraum aus, der mit seinen Maßen von 6 x 4 x 2 dm nur die Bestimmungen des Reglements erfüllte. Ergänzt wurde er jedoch durch eine großflächige Ablage unter der sehr flachen, planen Heckscheibe, ausreichend für nicht zu dick dimensioniertes Zweipersonengepäck.

▲ *Der Gesamtaufbau des Melkus RS 1000 in einer Röntgenskizze.*

Die Flügeltüren, ausbalanciert durch Federzug, ließen sich leicht öffnen, erforderten dabei aber einiges Geschick.
Auf Anhieb gelungen waren Heizung und Belüftungsanlage durch zugfreie, seitliche Kurbelfenster, allerdings konnte das Triebwerk den Innenraum im Sommer stark aufheizen.
Reglementgemäß befand sich an der Fahrerseite ein Feuerlöscher. Ansonsten durfte man bezüglich der inneren Sicherheit im RS 1000 nicht zimperlich sein. Das Armaturenbrett mit den vier Rundinstrumenten stammte aus Eisenach. Die Sitze waren verstellbar. Der durch den Mittelmotor sehr flach gestaltete Fahrzeugbug war ausgefüllt von einem flachen Kühler, Gebläse, Batterie, Elektrik, Heizung, zweistufige Scheibenwischer, Scheibenwaschanlage, Radaufhängung und Lenkung. Durch eine Klappe im Vorderteil war Zugang zu diesen Baugruppen gegeben. Bemerkenswert war die geringe Stirnfläche.
Trotz der Möglichkeit einer Straßenzulassung eignete sich der RS 1000 nur bedingt für den Alltagsbetrieb. Durch die extrem straff abgestimmte Federung war der Wagen wenig komfortabel, zudem war er sehr seitenwindempfindlich und übersteuerte anfangs stark. Die Bodenfreiheit von 150 mm eignete sich nicht unbedingt für unbefestigte Strecken. Der Motor arbeitete nur wenige Zentimeter hinter der Schottwand – Textilbezug und Antidröhnmittel an der Trennwand halfen da nicht viel. Ansonsten saß – nein, lag man in den Schalensitzen nicht weich, aber für den Sportbetrieb optimal. Die Fußspitzen befanden sich etwa in Brusthöhe – der Schwerpunkt des beladenen Fahrzeugs lag lediglich 400 mm über der Fahrbahnoberfläche. Ab 150 km/h hoben die Scheibenwischer trotz Andruckflächen ab – durch die extreme Schrägstellung der Windschutzscheibe wurden die Tropfen aber vom Fahrwind weggerissen. Überhaupt war die Aerodynamik nicht ausgegoren. Bei höheren Geschwindigkeiten bekam der Wagen vorn Auftrieb und wurde in Verbindung mit der sowieso schon hecklastigen Gewichtsverteilung gefährlich.

Die Manufakturfertigung

Im Frühjahr 1969 war der Prototyp fertig geworden und 1970 begann die handwerkliche Serienfertigung. Der Verkaufspreis von anfangs 28 000 Mark (Ost) wurde schließlich auf 29 800 Mark festgeschrieben.
Die Abgabe geschah anfangs ausschließlich über den ADMV an seine Mitglieder, die mit dem Kaufvertrag eine Verpflichtung unterschreiben mussten, jährlich an einer bestimmten Anzahl von Motorsport-Veranstaltungen teilzunehmen.
Wenn in den siebziger Jahren von einem Auto aus DDR-Produktion so etwas wie Faszination ausging, dann war es zweifellos der Rennsportwagen aus Dresden. Tauchte eines dieser

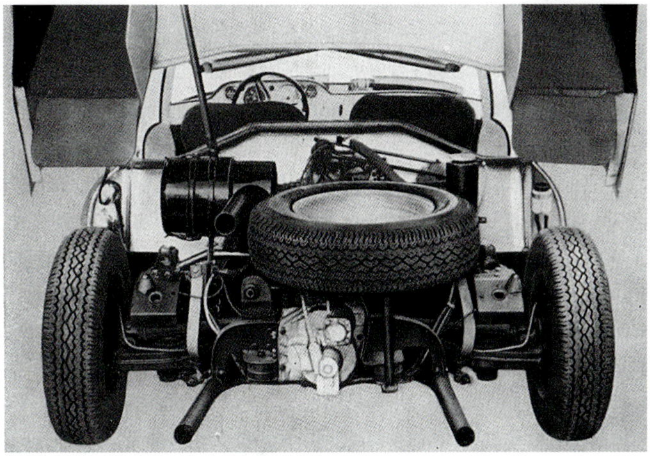

▲ *Die Innenansicht zeigt wie spartanisch es im RS 1000 zuging. In der Mitte der Vorderteil mit demontierter Haube. Das Reserverad war mal im Bug und mal im Heck untergebracht.*

Fahrzeuge im Straßenverkehr auf, so gab es nicht nur die gebührende Aufmerksamkeit für das Coupé, sondern auch echtes Erstaunen darüber, dass dieser Wagen aus einer DDR-Produktion stammte.

Der RS 1000 im Rennbetrieb

Die Aufbohrung auf 1118 cm³ wurde bei einigen Fahrzeugen in Hinblick auf das kommende Hubraumlimit bis 1150 cm³ praktiziert. Fahrzeuge mit aufgebohrten Motoren nahmen aber trotzdem an Rennen der Kategorie bis 1000 cm³ teil.

▲ *Schnelle Rücken: Das Feld der RS 1000 auf der Bernauer Schleife 1972.*

▲ *Startaufstellung der Melkus RS 1000-Sportwagen 1973 auf dem Schleizer Dreieck.*

▲ *Seit 1972 fuhr der Reifenhersteller Pneumant aus Fürstenwalde mit einem eigenen Melkus-RS 1000-Team.*

▲ *Der Melkus RS 1000 Mitte der 1970er Jahre in Aktion auf dem Sachsenring.*

Wiederholt gab es mehr oder weniger geringfügige Detailänderungen am RS 1000, deren Beschreibung hier jedoch den Rahmen sprengen würde. Schließlich musste ja auch verbaut werden, was gerade greifbar war. Zwischen Januar und Mai 1970 war der Sportwagenbau bei Heinz Melkus so produktiv gewesen wie später nie wieder. Heinz Melkus und seine Mannen machten wahr, was sie versprochen hatten: Zum Renndebüt des RS 1000 am 31. Mai auf der Bernauer Schleife waren zehn Autos, die jeweils 790 kg wogen, am Start. Es wurden Spitzengeschwindigkeiten jenseits der 170 km/h gemessen!

In der Folgezeit gab Heinz Melkus eine Umrüstungsanleitung für den Rennbetrieb heraus, nach welcher die Motorleistung auf 90 PS stieg. Damit war der Wagen nicht mehr für den normalen Straßenverkehr zugelassen.

Im Laufe der Zeit wurde die Einhaltung der ursprünglichen Verpflichtung, mit den Fahrzeugen Rennen zu fahren, weniger überwacht. Daher wurde eine Reihe von Wagen an Besitzer ausgeliefert, die damit nie auf Rennstrecken auftauchten. Die Alltagserfahrungen mit dem lauten und eine kundige Hand erfordernden Wagen wirkten aber häufig ernüchternd. »Wenn die Hasen entnervt ausstiegen, hatten unsere Playboys kein Interesse mehr an dem Wagen. Dann wurde er frei für einen Rennfahrer«, so ein damaliger Aktiver.

Beim Motortuning ging man schließlich auch zu Aufbohrungen auf 1170 oder gar 1250 cm³ über. Generell galt aber, dass man privat vorgenommene Leistungssteigerungen nur in endlosen Versuchen austüfteln konnte, wobei die Thermik unberechenbar wurde. Wer ohne übermäßige Schrauberei fahren wollte, war mit der ursprünglichen Ausführung gut bedient.

▲ *Wie von einem anderen Stern: Im real existierenden sozialistischen Straßenverkehr zwischen Trabi und Wartburg waren DDR-Bürger oft erstaunt, dass dieses Auto im eigenen Lande produziert worden war.*

▲ *Wenn ein Melkus RS 1000 seine Flügel aufspannte, war das immer eine Attraktion.*

Verlagerung der Karosseriefertigung und Produktionsende

Die Produktion der RS-1000-Kunststoffkarosserien wurde nach 50 Exemplaren zu einer Privatfirma nach Jenkwitz bei Bautzen verlagert.

1974 wurde bei Melkus ein RS 1000 versuchsweise nachträglich mit einem 1294-cm³-Lada-Motor ausgerüstet. Im gleichen Jahr entstand »werksseitig« ein RS 1000 mit Lada-Motor.

Nachdem 1977 unter Ulrich Melkus die Rennwagenentwicklung wieder aufgenommen worden war und – nun ohne direkte Bindung an die Fahrschule Heinz Melkus KG und Heinz Melkus als Person – die endgültige Organisationsform SRG gefunden worden war, lief parallel dazu der Rennsportwagenbau in kleinem Umfang im Rahmen der Kommanditgesellschaft weiter. Im gleichen Jahr gab Henz Melkus definitiv die aktive Teilnahme am Formel-Automobilrennsport auf.

Von offizieller Seite wurde Melkus vorgeworfen, mit dem Bau der RS 1000 illegal Geld verdient zu haben, obwohl ja ein offizieller EVP (Endverkaufspreis) kalkuliert worden war.

Die letzten beiden Fahrzeuge entstanden 1979 – jetzt mit eckigen Rückleuchten.

Der Wartburg durchbricht die Mauer

CHECKPOINT CHARLIE
ALLIED
CHECKPOINT CHARLIE
FM 95-24

Ein Großteil der Menschen in der Bundesrepublik Deutschland war nie in der DDR (sehr viele waren bis heute noch nicht in den ostdeutschen Bundesländern), musste nie aus privaten oder beruflichen Zwecken die Transitstrecken nach Westberlin benutzen – hatte also noch nie im Leben einen echten Wartburg gesehen. Zumindest Letzteres sollte sich schlagartig ändern, als nach dem 9. November 1989 mit der Mauer auch Dämme brachen und eine Flut osteuropäischer Fahrzeuge nach Westberlin und in die Bundesrepublik schwemmen ließen. Allen voran natürlich die Modelle Trabant und Wartburg, die mit Abstand meistgefahrenen Pkw in der DDR. Und so war es nicht verwunderlich, dass der Wartburg, dieses skurrile Gefährt aus einer scheinbar vergangenen Zeit, zu einem hohen Bekanntheitsgrad im Westen kam und sozusagen die DDR symbolisierte.

DDR = Trabant + Wartburg + Schwalbe – so war das tatsächlich auf eine einfache Formel zu bringen. Und fragt man heute manche Jugendliche, so wissen sie zwar nicht, wer Erich Honecker war – Trabant und Wartburg kennen aber alle.

▲ *Der Grenzübergang Wartha in Thüringen am 10. November 1989. Die Freude über die Grenzöffnung war sprichwörtlich grenzenlos. (Foto: Bundesarchiv)*

▲ *Eine von vielen provisorischen Grenzöffnungen im November 1989 nahe Katharinenberg im Eichsfeld. (Foto: Bundesarchiv)*

Mauer weg – Wartburg weg

Die Kehrseite war allerdings, dass viele dieser Fahrzeuge ihren Mauerdurchbruch mit dem Leben bezahlen mussten. Mit der Grenzöffnung begannen für westdeutsche Gebrauchtwagenhändler wahre Goldgräberzeiten. Und so ein zehn Jahre alter Golf, der es gerade noch einmal durch den TÜV geschafft hatte, ersetzte eben den guten alten Wartburg, der dann mit abmontierten Kennzeichenschildern irgendwo am Straßenrand zurückgelassen wurde oder bestenfalls auf dem Schrottplatz landete. Aber selbstverständlich gab es auch viele Menschen, die ihren DDR-Fahrzeugen noch lange die Treue hielten und manchmal sogar ins Oldtimerleben überführten.

▲ *Ausgeschlachtete Wracks irgendwo im Gelände waren nach 1990 keine Seltenheit im ehemaligen DDR-Gebiet. (Foto: Tobias Nordhausen © CC-BY-SA-2.0)*

▲ *So mancher Wartburg fristet seit Jahrzehnten sein Dasein in irgendwelchen Gartenecken. (Foto: Kalispera Dell)*

▲ *Aber: Ob im Dorf oder in der Plattenbausiedlung – viele DDR-Fahrzeuge blieben noch lange Jahre dem öffentlichen Straßenverkehr erhalten.*

Niedergang des DDR-Automobilbaus

Ein weiterer Negativeffekt der Grenzöffnung war die Tatsache, dass die hunderttausenden Anmeldungen für ein Neufahrzeug in der DDR, mit der Möglichkeit ein westliches Fabrikat zu erwerben, nur noch wertloses Altpapier waren. Nachdem anfangs noch aus Angst um den Verlust des DDR-Geldes groß eingekauft wurde - auch neue und »neue« gebrauchte Ost-Pkw zu horrenden Summen, tendierten die Verkäufe im Inland im Verlaufe des Jahres 1990 gegen Null. Und der Export? »Kommt die D-Mark nicht zu uns, gehen wir zu ihr« skandierten Demonstranten und Bundeskanzler Helmut Kohl tat ihnen den Gefallen. Zum Leidwesen der DDR-Wirtschaft, deren Hauptexportländer in Osteuropa lagen und die ihre Einkäufe jetzt in harten Devisen bezahlen mussten, was sie nicht konnten. Mit den bekannten Folgen. Waren 1990 noch 63 000 Wartburg gebaut worden, waren es 1991 nur noch gut 7 000 und die Produktion endete am 7. April des gleichen Jahres.

▲ *Bestellt und nicht abgeholt: Ende 1990 füllten sich die Auslieferungslager und der Güterbahnhof der Eisenacher Automobilwerkes mit fabrikneuen Wartburg 1,3, die niemand mehr haben wollte.*

Operation Zündspule

Für viele in der DDR zugelassene Fahrzeuge und ihre Besitzer begann die Wende ja schon lange vor dem 9. November 1989. So nutzten am 19. August 1989 mehrere Hundert DDR-Bürgerinnen und Bürger das sogenannte »Paneuropäische Picknick« an der ungarisch-österreichischen Grenze zur gemeinsamen Flucht. Und obwohl Reisen nach Ungarn danach seitens der DDR-Behörden massiv erschwert wurden, gelang auch danach noch vielen die Flucht über die ungarische Grenze nach Österreich, weil die lokalen Grenztruppen inzwischen nicht mehr so genau hinsahen. Auch über Bulgarien und Rumänien gelang einigen DDR-Bürgern die Flucht in den Westen.

Und dann war da ja auch noch die bundesdeutsche Botschaft in Prag. Mehr als 4 000 Flüchtlinge hielten sich dort auf, die ab dem 30. September mit Sonderzügen in die Bundesrepublik reisen durften.

▲ *Im Spätsommer 1989 zurückgelassener Wartburg nahe Siófok am Balaton.*

▲ *Eine Aufnahme vom 10. September 1989 am ungarisch-österreichischen Grenzübergang, nahe der Stadt Hegyeshalom.*

Sowohl nach Ungarn, als auch in die Tschechoslowakei waren viele Fluchtwillige zuvor mit ihren Autos angereist, die dann zurückgelassen werden mussten. Diese Fahrzeuge - sofern sie nicht schon von Bürgern des jeweiligen Landes »übernommen« worden waren, mussten in die DDR zurückgeführt werden. Das war Aufgabe des Ministeriums für Staatssicherheit, die mit der intern genannten »Operation Zündspule« monatelang mit dutzenden Mitarbeitern die Autos (auch Motorräder) auf eigener Achse oder aufgeladen zunächst auf ein Gelände nahe Pirna und dann weiter zum Stasi-Dienstkomplex ins brandenburgische Freienbrink brachten. Viele der Fahrzeuge wurden nach dem Ende der DDR an ihre Besitzer zurückgegeben.

▲ *Auf dem Stasigelände (»Dienstkomplex«) bei Freienbrink wurden die von Flüchtlingen in Ostblockländern zurückgelassenen Autos abgestellt. (Foto: Bundes-Stasiunterlagen-Archiv)*

Der Wartburg als Oldtimer

LDS 0736
LDS S 353

Wenn auch in den letzten Jahren deutlich weniger geworden, gehörte der Wartburg 311, vor allem mit dem 1000-cm^3-Motor, bis Ende 1989 zum normalen Straßenbild in der DDR. Und wie das mit den Automobilen in der DDR war – von denen die meisten fast so viele Leben hatten wie eine Katze – als Oldtimer konnte man sie sich nicht so recht vorstellen. Liebhaber gab es freilich schon immer für den Wagen mit den klassischen 50er-Jahre-Formen und so mancher von ihnen führte seinen 311er nach der politischen Wende nahtlos vom Alltags- ins Oldtimerleben über. Mit der Renaissance von DDR-Produkten und der aufkommenden Ostalgie zum Ende der 90er Jahre hin gewannen auch die ostdeutschen Autos wieder an Bedeutung und so mancher machte sich auf die Suche nach einem alten Wartburg. Der alltagstaugliche Wagen gibt einen guten Zweitoldtimer ab, mit dem man auf eigener Achse die verschiedenen Veranstaltungen anfahren und so auf einen Trailer für das noch ältere Liebhaberstück verzichten kann. Die praktische Camping-Limousine ist da bis heute sehr gefragt und inzwischen zu einer teuren Rarität geworden. Der Sportwagen 313/1 war das schon immer, aber auch die Preise für Cabriolets, Coupés und de Luxe-Limousinen mit dem alten Stoffschiebedach sind in gutem Zustand längst jenseits der 20 000-Euro-Marke angekommen. Eine gute Limousine liegt da zwar noch drunter, ist aber auch längst kein Schnäppchen mehr.

Oldtimerveranstaltungen, die sich in den letzten Jahren auf Fahrzeuge aus DDR-Produktion spezialisiert haben, gibt es im Sommerhalbjahr an jedem Wochenende zum Teil im Dutzend. Das macht den alten Wartburg zusätzlich interessant und sorgt unter anderem dafür, dass auch von den weniger gebauten Modellen heute exzellent restaurierte, wie auch gut erhaltene, mit Patina behaftete Fahrzeuge bewundert werden

▲ *Eine 311-Standardlimousine, die sich mit altem Grill und alten Stoßecken als vor 1959 gebaut erweist. Die äußere Sonnenblende ist ein beliebtes Zubehör für alte DDR-Fahrzeuge.*

▲ *Das nur bis 1960 gebaute Cabriolet 311-2 ist längst einer der schönsten – und teuersten DDR-Zweitakt-Oldtimer. (Foto: André Karwath aka Aka © CC-BY-SA-2.0)*

▲ *Ein so schön restauriertes Coupé mit einteiliger Heckscheibe ist selbst in der ostdeutschen Oldtimerszene eine echte Rarität.*

können. Diese Fahrzeuge zu restaurieren oder technisch immer in Schuss zu halten, ist heute kein Problem mehr, sofern man ein wenig Schraubertalent und etwas Geld mitbringt. Die Ersatzteilversorgung ist ausgesprochen gut, bei Trieb- und Fahrwerk gibt es eigentlich nichts, was es nicht gibt. Manches stammt noch aus DDR-Ersatzteillagern, vieles wird inzwischen nachgefertigt. Das gilt auch für Zierleisten, Dichtungsgummis und andere Karosserieelemente, selbst neue Kotflügel aus Blech werden angeboten. Bei Außenteilen für die selteneren Karosserievarianten kann es schon mal etwas schwieriger werden. Aber auch da können oft Clubs und Interessengemeinschaften weiterhelfen, von denen es regional oder überregional mittlerweile so viele gibt wie Veranstaltungen an den Wochenenden.

▲ *Eine 311-Schiebedach-Limousine in klassischer rot-weißer Lackierung.*

▲ *Einer der wenigen im Karosseriewerk Halle gebauten Pickups ist heute eine absolute Rarität und die Attraktion jedes Oldtimer-Treffens.*

▲ *Ein feiner Zug: Wartburg 311-1000 mit Camping-Anhänger »Dübener Ei« bei einer Veranstaltung auf der Augustusburg.*

▲ *Auf eigener Achse und mit Zelt zum Oldtimertreffen angereist: Wartburg 311 de Luxe.*

▲ *Mit dem komfortableren Fahrwerk der Wartburg 353 waren die 312er »Zwitter« noch lange auf den Straßen der DDR unterwegs. Eine sehr schön restaurierte Luxuslimousine.*

Und manchmal lohnt sich auch der Weg ins Museum. DDR-Fahrzeugmuseen sind in den letzten Jahren wie Pilze aus dem Boden geschossen, das eine oder andere war aber nur von kurzem Bestand. Die erste Adresse für Wartburgfreunde ist natürlich immer der Ursprung der Fahrzeuge selbst. Das Museum »Automobile Welt Eisenach« (AWE) befindet sich heute auf dem Gelände des ehemaligen Automobilwerkes und ist die ultimative Pilgerstätte für Wartburgianer.

▲ *Sorgt bei seinem Erscheinen auch immer wieder für Furore: Der Wartburg 312 HT.*

▲ *Erstaunlich viele Campinglimousinen mit dem 312er Fahrwerk wurden noch zwischen 1965 und 1967 gebaut. Viele von ihnen sind heute wieder in restauriertem Zustand unterwegs.*

▲ *Neben dieser schönen Camping-Limousine mit Schiebedach aus den ersten Produktionsjahren beherbergt das Automobilmuseum in Eisenach auch einen der heiß begehrten 313/1-Roadster.*

Wartburg 353 und 1,3

Wie der Trabant 601 gehörte der Wartburg 353 zum Straßenbild der DDR, ebenso wie triste Plattenbausiedlungen und verfallene Häuser. Das blieb auch in den ersten Jahren nach der Angliederung des Ostens an den Westen so. Aber anders als der »Trabi« avancierte der Wartburg nicht zum Kultobjekt auf vier Rädern und wurde auch nicht so sehr zum Synonym der anderen deutschen Republik wie der »Plastebomber« aus Zwickau. Selbst hartgesottene Ostalgiker schmähten lange Zeit den kantigen Eisenacher, der höchstens mal als Volkspolizei-Funkstreifenwagen mit Lautsprechern oder als Feuerwehreinsatzwagen bei diversen Veranstaltungen auftreten durfte. Zu tief hatten sich die oben beschriebenen Straßenbilder ins allgemeine Bewusstsein eingebrannt, als dass Oldtimerfreunde viele Jahre lang daran gedacht hätten, den Wartburg 353 als erhaltenswertes, klassisches Fahrzeug zu betrachten.

Hier hat in den letzten Jahren, nach einem gewaltigen Schrumpfungsprozess erhalten gebliebener Fahrzeuge, ein Umdenken eingesetzt. Der »neue« Wartburg gewinnt als Klassiker zunehmend an Bedeutung, gerade noch rechtzeitig, um den aktuellen Bestand zu sichern und dieses Fahrzeug nicht etwa aussterben zu lassen, wie das noch vor wenigen Jahren zu befürchten gewesen wäre. Inzwischen ist es wieder etwas Besonderes (und besonders seltenes) einen Wartburg 353, der jetzt jedem Trabant 601 die Schau stiehlt, auf der Straße zu sehen.

Wer vor 30 Jahren noch auf eigener Achse mit seinem IFA F 8 zu einem Oldtimertreffen in der DDR gefahren ist, stieg spätestens vor 20 Jahren für diese Fahrt auf einen Wartburg 311 um und ließ den F 8 zuhause in der Garage stehen (wenn er ihn nicht auf dem Trailer und am modernen Mercedes hängend, verfrachtet hat). Und heute ist es durchaus schick mit dem 353 beim Veteranentreffen aufzukreuzen, niemand wird darüber die Nase rümpfen. Im Gegenteil, ein schön erhaltenes oder restauriertes Exemplar ziert heute jede Nostalgieveranstaltung nicht nur in Ostdeutschland.

Wenngleich nach deutscher Gesetzgebung inzwischen jeder Wartburg 353 (und auch das Modell 1,3) sein Mindestalter von 30 Jahren überschritten hat, um offiziell als echter Oldtimer zu gelten, wird man ihn seiner Form wegen und der immer noch geistigen Präsenz auf den Straßen der DDR und der frühen Nachwendezeit, eher mit dem vor einigen Jahren erfundenen Terminus »Youngtimer« bezeichnen. Ein Fahrzeug also, das noch nicht so sehr alt, aber trotzdem schon ein erhaltenswerter Klassiker ist. Der Wartburg selbst wäre damit sicher zufrieden, wenn man ihn fragen könnte.

Übrigens wird der Wartburg 353 nicht nur für (N)Ostalgiker in den letzten Jahren als Alltagsfahrzeug auch immer interessanter. Favorit bleibt hier freilich der Wartburg 312: Mit dem moderneren Fahrwerk und der Antriebstechnik letzter (Zweitakt)Stand auf der einen, der klassisch runden Fünfzigerjahre-Karosserie auf der anderen Seite, kann man mit einem »echten Oldtimer« im heutigen Straßenverkehr durchaus noch mithalten.
Die Ersatzteilversorgung für alle neueren Wartburg-Typen ist gut, diverse Clubs und Interessengemeinschaften, aber auch Privatinitiativen kümmern sich um die Teilebeschaffung und um Nachfertigungen.

▲ ▼ *Der Wartburg 353 war in den ersten Jahren nach der politischen Wende in den neuen Bundesländern so präsent, dass da noch lange niemand einen Klassiker in diesem Wagen sah.*

▲ *Als Funkstreifenwagen der DDR-Volkspolizei war der Wartburg 353 von Anfang an auf jedem Oldietreffen gern gesehen.*

▲ ▼ *Während 353-Limousinen verschiedener Baujahre und Ausstattungen wieder in größerer Zahl zu sehen sind…*

▲ *Mit dem Wartburg 353 zum Oldtimertreffen anzureisen ist inzwischen zur Normalität geworden. Übrigens war Caprigrün die vermutlich beliebteste Farbe für den Zweitakter aus Eisenach.*

▲ *Wie hier bei der OMMA in Magdeburg gehören die kantigen Eisenacher – zumindest bei ostdeutschen Veranstaltungen – längst zum guten Ton.*

▲ *… ist so ein schöner Pick-Up mit Holzpritsche und Plane eine echte Rarität.*

▲▼ *Und so schöne Cabrio-Umbauten sieht man auch nicht alle Tage. So kann ein schnöder Wartburg 1.3 zum echten Hingucker werden.*

▲ *Dieser Wartburg 1,3 war im Jahre 2024 immer noch im Alltagseinsatz.*

▲ ▼ *Das Museum »Automobile Welt Eisenach« (AWE) beherbergt sie alle: Wartburg-Modelle verschiedener Modellvarianten und Jahrgängen, vom Jagdwagen bis zur seltenen Rechtslenker-Limousine.*

Technische Daten und Produktionszahlen

Lassen Sie sich diese drei
„Wartburg"-Modelle vorstellen:
Die Limousine
Die Schiebedach-Limousine
Das Cabriolet
Sie sind gewissermaßen die
Normal-Ausführungen des
Typs „Wartburg".
Aber auch noch andere
Karosserievariationen
stehen zur Auswahl bereit.

Technische Daten F 9 und Wartburg 311

Modell	**IFA F 9 (Zwickau)**	**IFA F 9 (Eisenach)**
Motor	**DKW-IFA**	**EMW 309-1/EMW 310**
Arbeitsverfahren	Dreizylinder-Zweitakt	
Anordnung	Frontantrieb	
Kühlung	Thermosiphon	Thermosiphon
Hubvolumen/ccm	900	900
Hub/mm	78	78
Bohrung/mm	70	70
Verdichtung	1:6,25	1:6,9
Leistung/PS/U/min	28/3600	30/3800
Schmierung/Kraftstoff-Ölgemisch	25:1	25:1
Lichtmaschine	6 V, 130 W	6 V, 130 W
Kupplung	Einscheiben-Trocken	
Getriebe	4-Gang mit Freilauf, sperrbar	
Fahrwerk		
Rahmen	Kastenprofilrahmen	
Radführung vorn	Dreieckquerlenker unten	
Radführung hinten	starre Rohrachse	starre Rohrachse
Federung/Dämpfung	Querblattfeder vorn und hinten/hydr.	
Teleskopstoßdämpfer		
Lenkung	Zahnstange	Zahnstange
Bremsen	hydraulisch/Trommeln	
Bereifung	5.00-16 (Kombi 5.50-16)	5.00-16 (Kombi 5.50-16)
Maße und Gewichte		
Radstand/mm	2350	2350
Leermasse/kg	900-960	900-960
Zul. Gesamtgewicht/kg	1250-1400	1250-1400
Tankinhalt/l	30	40
Höchstgeschwindigkeit/km/h	90-110	90-110
Bauzeit	1949-1953	1953-1956

Wartburg 311	Wartburg 313/1	Wartburg 311-1000
EMW 311/AWE 311	**AWE 313**	**AWE 312**
Thermosiphon	Thermosiphon	Pumpe
900	900	992
78	78	78
70	70	73,5
1:6,7 (1:7,4 ab 1961)	1:7,9	1:7,4
37/4000 (40 ab 1961)	50/4500	45/4250
25:1 (33:1 ab 1958)	25:1	33:1
6 V, 130 W (6 V, 180 W ab 1961)	6 V, 130 W	6 V, 220 W
starre Schwebeachse	starre Schwebeachse	starre Schwebeachse
Zahnstange	Zahnstange	Zahnstange
5.90-15 (Kombi 6.50-15)	5.90-15	5.90-15 (Kombi 6.50-15)
2450	2450	2450
960-1070	970	930-1070
1330-1470	1270	1300-1450
40 (44 ab 1961)	40	44
100-115	140	105-122
1955-1961	1957-1969	1962-1965

Produktionszahlen

DKW IFA F 9 (Zwickau)	
1949	6
1950	260
1951	701
1952	649
1953	11
IFA F 9 (Eisenach)	
1953	7.550
1954	12.863
1955	13.492
1956	4.878
Wartburg 311	
1955	162
1956	14.223
1957	23.197
1958	24.145
1959	28.955
1960	28.666
1961	30.232
1962	26.209
1963	30.003
1964	32.592
1965	20.651
Wartburg 313/1	
1957	88
1958	181
1959	65
1960	135

Die Jahreszahlen für den Wartburg beziehen sich auf das Modelljahr, das immer am 1. Oktober des Vorjahres begann.

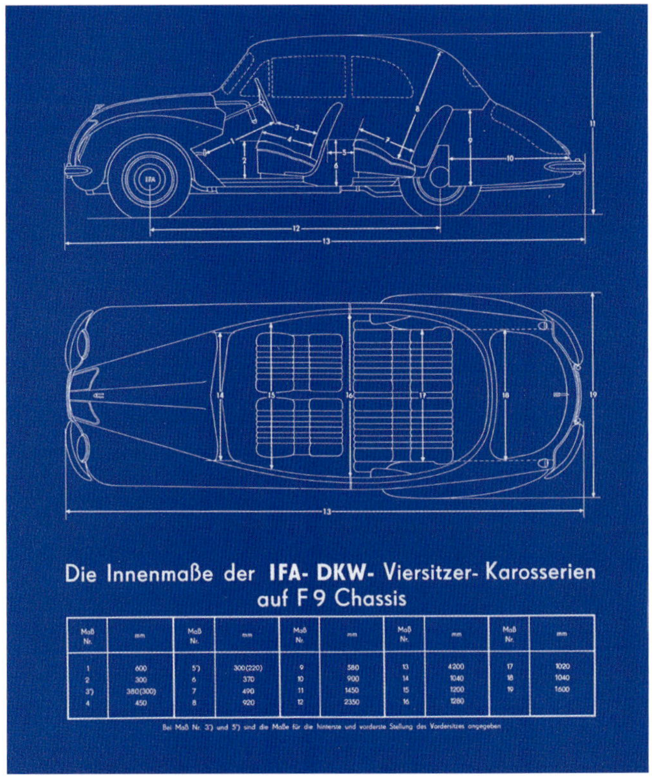

▲ *Die Maße des in Eisenach gebauten F9-Kombi.*

▲ *Maße des Wartburg 311-Kombi.*

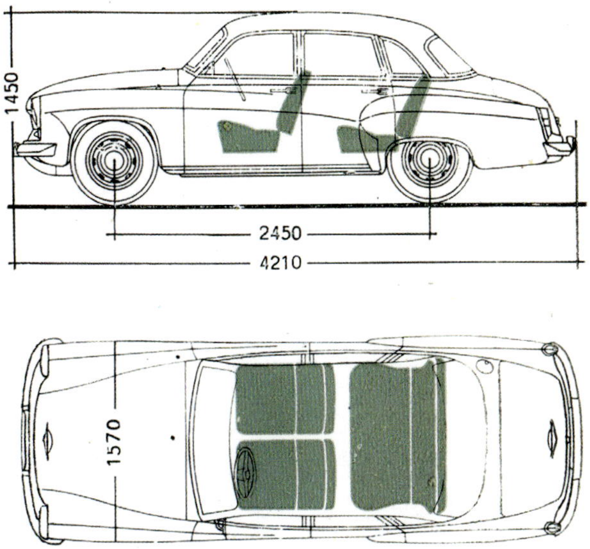

▲ *Maße der Wartburg 311/1000-Limousine.*

Exportzahlen Wartburg 311 (14 Top-Exportländer)

Land	Stück
Tschechoslowakei	30.845
Polen	18.012
Finnland	14.815
Ungarn	11.975
Belgien	5.561
Norwegen	4.860
Bulgarien	3.826
Rumänien	3.542
Bundesrepublik	3.243
Niederlande	3.205
Schweden	3.109
Kolumbien	2.034
Dänemark	1.400
USA	1.215

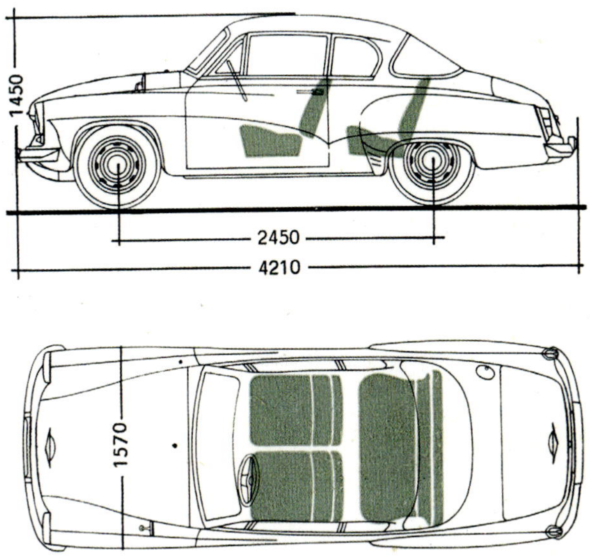

▲ *Maße des Wartburg 311/1000-Coupé.*

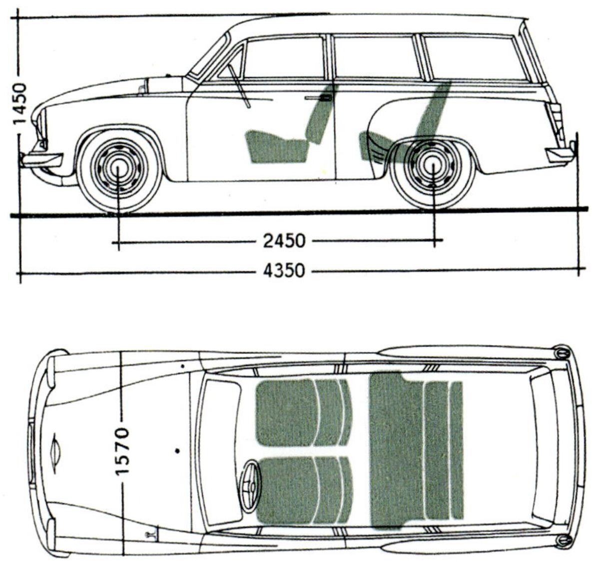

▲ *Maße des Wartburg 1000/312-Kombi*

Technische Daten Wartburg 312, 353 und 1,3

Modell	**Wartburg 312**	**Wartburg 353**
Motor	**AWE 312**	**AWE 353**
Arbeitsverfahren	3-Zylinder-2-Takt	3-Zylinder-2-Takt
Anordnung	Frontantrieb	
Kühlung	Wasser/Pumpe	
Hubvolumen/ccm	992	992
Hub/mm	78	78
Bohrung/mm	73,5	73,5
Verdichtung	1:7,6	1:7,6
Leistung/PS/U/min	45/4250	45/4250
Schmierung/Kraftstoff-Ölgemisch	1:33	1:33
Lichtmaschine	Gleichstrom 220 W	Gleichstrom 220 W
Kupplung	Einscheiben-Trocken	
Getriebe	4-Gang, Freilauf sperrbar	4-Gang, Freilauf sperrbar
Fahrwerk		
Rahmen	Kastenprofilrahmen	
Radführung vorn	Doppel-Dreieckquerlenker	
Radführung hinten	Schrägpendelachse	Schräglenkerachse
Federung/Dämpfung	Schraubenfedern, hydraul. Teleskop-Stoßdämpfer	
Lenkung	Zahnstange	
Bremsen	hydraulisch/Trommeln	hydraulisch/Trommeln
Bereifung	6.00-13	6.00-13
Maße und Gewichte		
Radstand/mm	2450	2450
Leermasse/kg	905-1.050	910 (Kombi 970)
Zul. Gesamtgewicht/kg	1.305-1.445	1.300 (Kombi 1.410)
Tankinhalt/l	44	44
Höchstgeschwindigkeit/km/h	105-122	125
Bauzeit	1965-1967	1966-1969

◄ *Wartburg 1000 Typ 353*

Wartburg 353/1	Wartburg 353 W	Wartburg 1.3
AWE 353/1	**AWE 353/1**	**BM 860**
3-Zylinder-2-Takt	3-Zylinder-2-Takt	4-Zylinder-4-Takt
992	992	1272
78	78	72
73,5	73,5	75
1:7,5	1:7,5	1:9,5
50/4250	50/4250	58/5400
1:33 (ab 1973 1:50)	1:50	Druckumlauf
Gleichstrom 220 W	Drehstrom 500 W	Drehstrom 740 W
4-Gang, Freilauf sperrbar	4-Gang, Freilauf sperrbar	4-Gang
Schräglenkerachse	Schräglenkerachse	Schräglenkerachse
hydraulisch/Trommeln	Scheiben vorn/Trommeln hinten	Scheiben vorn/Trommeln hinten
6.00-13 / 165 SR 13	6.00-13 / 165 SR 13	165/80 R 13 / 175/70 R 13
2450	2450	2450
910 (Kombi 970)	910 (Kombi 970)	900 (Kombi 950)
1.300 (Kombi 1.410)	1.300 (Kombi 1.410)	1.320 (Kombi 1.400)
44	44	42
130	130	140
1969-1974	1975-1989	1988-1991

1 Scheibenwischer-Motor, 2 Zentraler Lufteintritt für Heizung und Lüftung, 3 Vorratsbehälter für Bremsflüssigkeit, 4 Heizaggregat, 5 Ansauggeräuschdämpfer, 6 Stoßdämpfer, 7 Lenkung, 8 Kühler, 9 Leitring für Lüfter, 10 Abzweigtopf in der Ansauganlage, 11 Thermostat im Zylinderkopf, 12 Ausgleichbehälter für geschlossenes Kühlsystem, 13 Befestigung für Ausgleichbehälter, 14 Anbau-Dreihebelunterbrecher, 15 Lichtmaschine, 16 Getriebe, 17 Motorlagerung, 18 Oberer Querlenker, 19 Bremsschlauch, 20 Gummizusatzfeder und Endanschlag, 21 Doppelgelenkwelle, 22 Unterer Querlenker, 23 Abdichtmanschette für Gelenkwelle, 24 Schraubenfeder, 25 Radbremszylinder, 26 Bremsbacke, 27 Radnabe, 28 Spurstangengelenk, 29 Bremstrommel, 30 Bremspedal, 31 Kupplungspedal, 32 Sitzverstellung, 33 Lehnenverstellung, 34 Türsicherung, 35 Schräglenker, 36 Entlüftung, 37 Gummizusatzfeder und Endanschlag, 38 Stoßdämpfer, 39 Schraubenfeder.

Produktionszahlen

Jahr	Wartburg 312	Wartburg 353	Wartburg 353 W	Wartburg 1.3
1965	11.049	-	-	-
1966	21.082	14.005	-	-
1967	4.154	30.951	-	-
1968	-	34.923	-	-
1969	-	37.447	-	-
1970	-	40.411	-	-
1971	-	43.130	-	-
1972	-	45.676	-	-
1973	-	48.100	-	-
1974	-	51.813	-	-
1975	-	10.000	44.040	-
1976	-	-	55.510	-
1977	-	-	57.565	-
1978	-	-	58.832	-
1979	-	-	56.320	-
1980	-	-	58.325	-
1981	-	-	60.133	-
1982	-	-	61.302	-
1983	-	-	64.003	-
1984	-	-	71.998	-
1985	-	-	74.002	-
1986	-	-	74233	-
1987	-	-	71.520	-
1988	-	-	59.999	12.300
1989	-	-	1.191	70.204
1990	-	-	-	63.068
1991	-	-	-	7.201

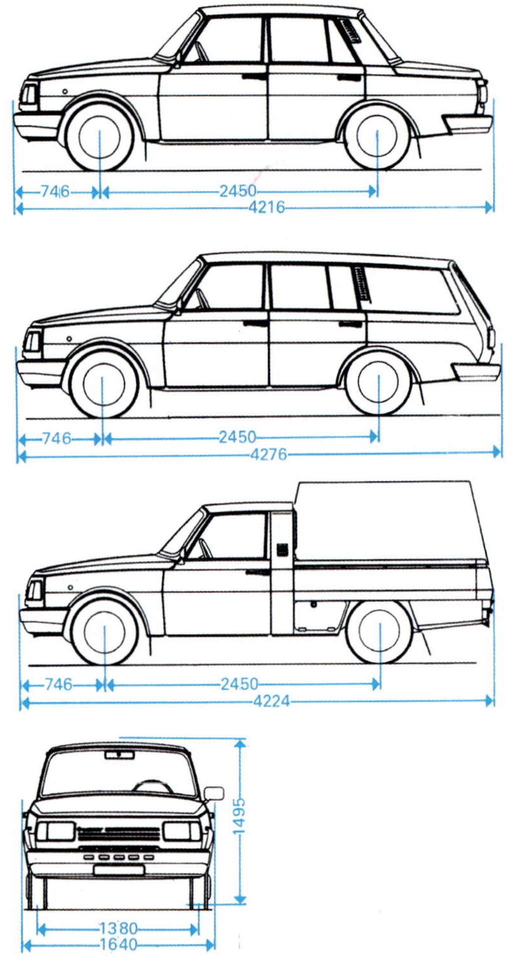

▲ *Die Maße der Wartburg-Modelle mit Viertakt-Motor.*

▲ *Das mögliche Ladevolumen des Wartburg Trans 1,3.*

▲ *Vergleich der Raumausnutzung von verschiedenen Automobilen des Jahrgangs 1966.*

Gesamtproduktion Melkus RS 1000	
Jahr	**Anzahl Fahrzeuge**
1969	1
1970	12
1971	13
1972	21
1973	14
1974	11
1975	12
1976	8
1977	3
1978	6
1979	2
Gesamt	103

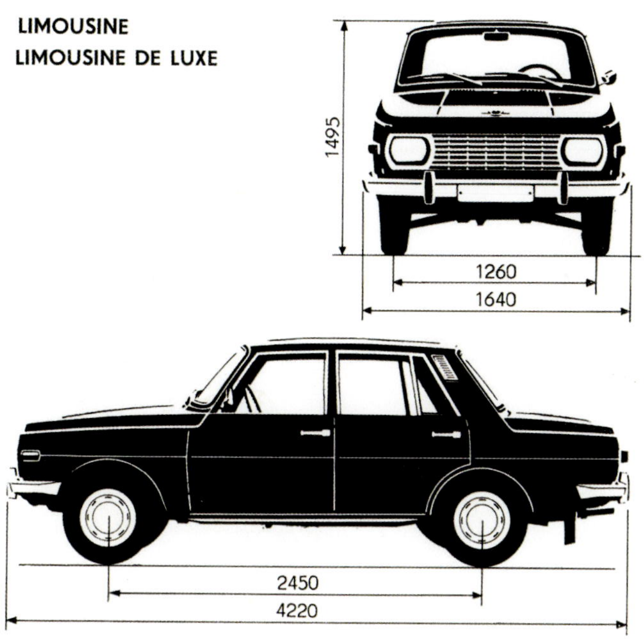

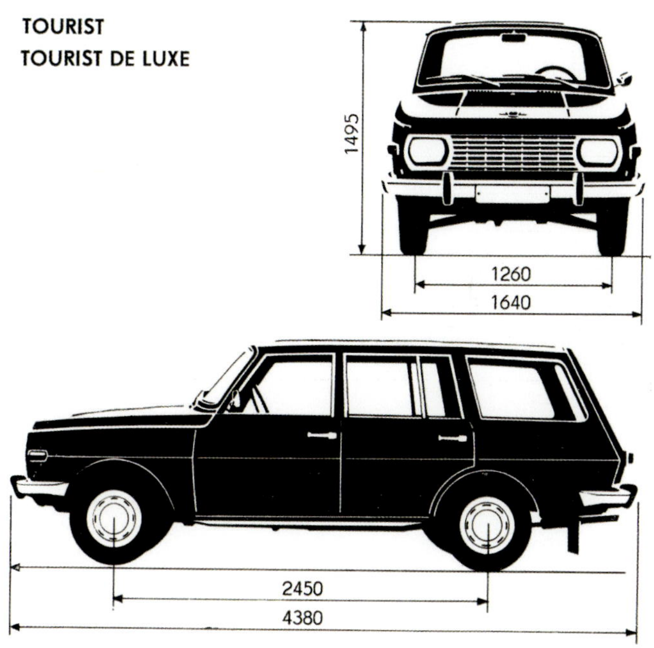

MotorKlassik
MARKTPLATZ
»Ein Porsche 911 gehört in jeden guten Haushalt!«
Hans-Jörg Götzl
Chefredakteur
Motor Klassik
Fahrzeug: Porsche 911 SC, Baujahr 1982
www.motor-klassik.de